有色轻金属冶炼过程优化与控制系统

牛林　王鑫健　著

北　京

冶金工业出版社

2020

内 容 提 要

本书以铝、镁生产过程为研究对象，系统总结和阐述了有色轻金属冶炼过程系统优化的理论、方法、技术及系统实现等方面的主要成果。采用数值分析、相似特性装置模拟等手段，探索有色金属冶金过程系统不确定优化问题。基于重要性采样和回归拟合建立机会约束的形式化描述。基于多目标优化机制，寻找不确定动态行为影响系统优化经济指标的关键函数。在此基础上，研究机会约束优化算法及求解并构成优化与控制一体化策略。

本书适合从事有色冶金控制系统设计和冶炼控制的工程技术人员、科研人员、管理人员阅读，也可作为相关专业高年级本科生和研究生的教学参考书。

图书在版编目（CIP）数据

有色轻金属冶炼过程优化与控制系统/牛林，王鑫健著 . —北京：冶金工业出版社，2020.9
ISBN 978-7-5024-8615-0

Ⅰ. ①有… Ⅱ. ①牛… ②王… Ⅲ. ①轻有色金属—有色金属冶金 Ⅳ. ①TF82

中国版本图书馆 CIP 数据核字（2020）第 199547 号

出 版 人　苏长永
地　　址　北京市东城区嵩祝院北巷 39 号　邮编　100009　电话　（010）64027926
网　　址　www.cnmip.com.cn　电子信箱　yjcbs@cnmip.com.cn
责任编辑　刘小峰　雷晶晶　美术编辑　郑小利　版式设计　禹　蕊
责任校对　李　娜　责任印制　李玉山
ISBN 978-7-5024-8615-0
冶金工业出版社出版发行；各地新华书店经销；三河市双峰印刷装订有限公司印刷
2020 年 9 月第 1 版，2020 年 9 月第 1 次印刷
169mm×239mm；10.25 印张；207 千字；149 页
56.00 元

冶金工业出版社　投稿电话　（010）64027932　投稿信箱　tougao@cnmip.com.cn
冶金工业出版社营销中心　电话　（010）64044283　传真　（010）64027893
冶金工业出版社天猫旗舰店　yjgycbs.tmall.com
（本书如有印装质量问题，本社营销中心负责退换）

作 者 简 介

牛林，红河学院教授、硕士研究生导师，云南省优势特色重点学科领衔人。曾主持和承担国家自然科学基金项目、云南省科技厅应用基础研究计划项目、云南省教育厅科学研究基金重大专项项目、云南省教育厅质量工程等项目。近年来发表论文 20 余篇。兼任云南省科技计划项目管理专家、云南省科技计划项目评审专家、国家科技型中小企业技术创新基金项目地方评审专家、国家自然科学基金委员会评审委员会通讯评审专家、"International Journal of Control" 等刊物的审稿人、IJCTE 杂志编委。

王鑫健，教授级高工，中国铝业郑州有色金属研究院有限公司镁冶炼技术与装备研究所总工程师。长期从事铝镁工业自动控制系统检测系统与装备的研究开发、设计、推广应用工作。获中国有色金属工业科技进步奖一等奖 3 项，二等奖 1 项，三等奖 3 项。

前　言

　　轻金属主要包括铝、镁、钛等，在高速运输系统（飞机、火车、汽车）轻量化、冶炼稀有金属、电力工业和建筑工业用铝材，包装、印刷业用铝材等方面有着广泛的应用。近年来，我国轻金属产量位居世界前列，尤其是电解铝生产，无论是产能还是产量均位居世界第一。轻金属生产过程实施先进控制，有助于促进产业升级速度、经济效益提升，推动全行业整体实力和加强国际竞争力。

　　轻金属冶炼生产产品品种多，流程多样，同一种产品有不同的生产流程，甚至一个厂存在不同的生产工艺；每个生产过程流程长、设备多、前后工序连续性强。轻金属冶炼中很多工艺参数很难直接实时检测，原料、中间产品、成品等一些重要的性能参数在线分析困难；整个生产过程控制对象具有非线性、强耦合、大滞后、多参数、时变等特点，控制目标大多要求在一定的质量范围内挖掘生产潜力，提高产量，降低能耗，优化冶炼环境。由此可见，有色金属冶炼过程反应十分复杂，影响因素繁多，难以采用经典的控制理论实现优化、控制与决策。

　　优化技术是流程工业过程系统节能降耗取得最佳效益的关键。优化技术研究和解决如何从所有可能的方案中寻找最优的方案。具体地说，研究如何将优化问题表示为数学模型以及如何根据数学模型快速求得其最优解这两大问题。优化作为人们强有力的思想方法，已迅速发展成为一门重要的应用数学学科。它与计算机科学、系统工程科学、自动化控制等技术发展密切相关，同时相互促进，相互提高。国内外的应用实践表明，在同样条件下，经过优化技术的运用处理，对系统效率的提高、能耗的降低、资源的合理利用及经济效益的提高等均有明显的效果，而且随着处理对象规模的增大，这种效果更加显著。

目前对有色金属冶金过程优化控制的研究成果，主要集中在不确定优化算法、算法求解及应用方面。

（1）不确定优化算法。一个准确的数学模型对于生产过程的优化是很重要的，但是实际过程得到一个准确的数学模型很难。造成数学模型和实际过程不一致的原因主要有：对过程的机理认识不够导致的模型失配，数学模型中的参数不确定性和生产过程中存在的干扰因素。不确定性优化算法在工程中的应用主要包括鲁棒优化和随机规划。

鲁棒优化的思想是保证在最坏情况下，寻求最优解满足过程操作所要求的控制指标，或者在保证预期的情况下，满足平均概率约束。与无不确定参数的优化问题相比较，鲁棒优化需要解更多更复杂的优化问题，包括更多的微分方程和不等式约束。虽然对于最坏情况下求得的最优解仍然是保守的，但是在缺乏测量值的条件下，鲁棒优化仍是最好的优化策略。随机规划是对含有随机变量的优化问题建模的有效工具，将随机规划转化成等价的确定性优化问题，进一步用已有的优化技术来求解。机会约束规划是在一定的概率意义下达到最优的理论。由于机会约束规划可以直接处理约束的不确定性，已应用在包含不确定性因素的实时优化系统中。

（2）动态优化问题的求解。动态过程本身很复杂，一般没有解析解存在，必须寻求合适的数值解。常采用的数值解法主要有直接法和间接法两类。

直接法是通过一定程度的离散把原来的连续时间问题转换为离散问题来求解，按照离散程度的不同，分为序贯算法（sequential approach）和联立算法（simultaneous approach）。序贯算法仅仅离散控制变量，使用标准的积分算法计算系统状态方程。基于目标函数和约束，输入参数值被更新直到目标函数最小。当控制变量由时间单元内的分段常量函数、线性函数或者多项式函数表示时，优化问题就变为求解这些多项式的系数。序贯算法的优点在于它是可行路径法，寻优变量少，缺点是不能处理路径约束，且在求解状态方程时可能会耗时很长，甚至在遇到不稳定模型时，因得不到状态变量的值而终止优化。联立算法离散所有的控制变量和状态变量，将整个解空间划分为有限时间单元。状态变量和控制变量通常使用正交配置法离散。联立算法将微分代数方程系统结合到优化问题中，微分代数方程系统仅在最优解处求解一次，而在非线性优化迭代过程中不必满足。在对优化问题进行求解时分别采用积极集连续二次规划和障碍连续二次规划方法来描述。联立算法最大的优点在于将控制变量作为优化变量，处理路径约束问题比较容易，同时由于优化迭代过程中无须求解模型方程，因此对于不稳定的模型具有很大优势。然而联立算法离散后产生大规模非线性规划问题，需要特殊的分解技术和复杂的数学处理；另一方面，由于它是一种不可行路径算法，其中间的优化结果是不可用的，使其在在线优化中的应用受到了限制。

间接法通过求解最优化问题所满足解的必要条件或充分条件对原问题进行求解。经典方法是最大值原理法，通过引入状态变量的伴随变量转化为求解 Hamilton 函数的最优化问题，得到满足原问题最优解的必要条件，最后归结为两点边值问题。此方法的主要缺点是最优解对初始条件处的变化是非常灵敏的，而且两点边值问题的求解计算量很大。另一种方法是动态规划法，可以得到满足最优解的充分必要条件，问题最后转化为一个非常复杂的偏微分方程组，即 Hamilton-Jacobi-Bellman 方程组。此方法由于计算复杂，因此应用比较困难。

对于不确定机会约束求解，主要方法是将机会约束转化为各自的确定等价类，然后对等价的确定模型进行求解，但这种方法只适用可将机会规划问题转化为确定性规划问题的情形，比如对目标函数为线性且其约束参数服从正态分布和指数分布的机会约束规划问题，或某些特殊的非正态系数机会约束规划问题等。另一种方法是采用逼近法，利用随机仿真与智能算法相结合来进行，如遗传算法等。这类智能方法原理较为简单，容易实现，且不需要精确的模型信息，一般用于无约束或简单边界约束的优化命题，对复杂的含较多不等式约束的优化问题求解仍较困难。

（3）有色冶金过程优化。有色金属工业发展正面临资源、能源与环境的严重制约，而有色冶金过程优化是实现有色冶金生产节能降耗减排的关键技术之一。有色冶金过程受原料来源多样、工况条件波动、生产成分变化等因素的影响，存在大量的不确定性，严重影响了冶炼生产的稳定性与可靠性。由于有色金属冶金过程反应过程复杂，不确定、非线性、时变等特点，国内关于有色冶金过程优化控制的研究主要在基于模型的操作指导优化上。

因此，如何有效地解决有色冶金过程系统优化问题中的大量不确定因素，提高整体系统性能，保持过程工业效益最大化构成了本书的内容。

本书针对有色轻金属铝、镁冶炼过程，研究不确定动态优化算法在冶炼过程中的应用。第 1 章从控制工程的角度概述有色轻金属生产过程控制的现状，分析有色轻金属生产控制系统各环节的特性及优化控制研究中的几个问题。第 2 章针对有色轻金属冶炼过程反应机理复杂，具有不确定性、多变量、非线性、强耦合等特点，讨论系统不确定动态优化问题的形成及描述、优化算法与求解、优化与控制一体化等问题。第 3 章研究不确定系统的机会约束描述法，阐述基于多目标优化机制，寻求不确定动态行为影响系统优化经济指标的关键函数，建立机会约束的优化算法。第 4 章提出一种多输入多输出模糊预测控制策略用于拜耳法氧化铝生产中原矿浆制备的混料配制过程。模糊模型用于描述氧化铝原矿浆配料过程的非线性动态特性，采用多步线性化模型构成多步预报器，将预测控制中的非线性优化问题转化为线性二次寻优问题求解。第 5 章高压溶出是一个极其复杂的生产过程，变量多且相互耦合构成一个复杂的多变量系统。以氧化铝溶出过程动力学模型为基础，提出一种非线性系统的自适应动态结构控制方法。第 6 章讨论电解槽热量平衡和物料平衡，用智能方法对铝电解槽槽况进行分析。利用发现的规律来智能指导生产。第 7 章给出一种观测器方法解决金属镁生产过程中白云石煅烧回转窑窑内温度分布难以检测的问题。利用滤波变换将原系统变换为规范形式，用 Lyapunov 稳定性理论分析非线性动态误差方程的稳定性。

　　本书部分研究内容是作者主持国家自然科学基金项目（批准号：61463013）的研究成果，感谢国家自然科学基金委给予作者的资助。

　　感谢中国铝业郑州研究院提供给本书工艺及实验数据支持。中国铝业郑州研究院是中国轻金属专业领域唯一的大型科研机构，是我国铝镁工业新技术、新工艺、新材料和新装备的重大、关键及前瞻技术的研发基地，基础研究及原创性技术成果的孵化与转化基地。国家轻金属质量监督检验中心挂靠在该院，是国际标准化组织（ISO）在中国的技术归口单位之一。

　　由于作者水平所限，书中难免存在不足之处，恳请读者不吝赐教。

作　者

2020 年 5 月

目　录

1 绪 论

介绍有色轻金属的冶炼过程、控制现状及面临的问题。冶金过程控制对象具有非线性、强耦合、大滞后、多参数、时变等特点，优化技术是冶金工业过程系统节能降耗取得最佳效益的关键。

1.1 引言

有色金属工业作为国民经济中重要的基础原材料产业，是支撑经济发展和国防军工事业的重要力量，也是建设制造强国、提升高新技术产业的重点领域。

有色金属工业经过 70 年建设，国际地位已显著提升，尤其是轻金属，2019 全球十大电解铝企业，中国占据 5 家，其中，中国铝业集团有限公司和山东魏桥创业集团有限公司位居前 2 位。近年来开发的 600kA 超大型铝电解技术，属世界首创、国际领先。自主研发的 300kA 大型铝电解技术早已输出国外，在伊朗、印度、越南、哈萨克斯坦等国建厂，并取得了良好业绩。自主生产的高端铝材、镁材已应用于航空、汽车、高速铁路等，为我国经济建设做出了重要贡献。

有色轻金属有铝、镁、钙、钛、钾、锶、钡等。铝、镁及其合金具有强度大、质量轻、电磁性能优良等诸多优点，为重要的有色金属。铝需求量居有色金属之首，纯铝或铝合金材料广泛用于各种工业及民用，并以其密度较小而在对材料重量有严格限制的工业中具有强大的竞争力。镁为铝合金的重要组分，在工业中镁合金可代替部分铝材。

我国轻金属产量近年来位居世界前列，金属冶炼自动化水平在结构调整、产业升级、经济效益攀升、全行业的整体实力和国际竞争力加强中发挥了重要作用。轻金属冶炼自动化技术是运用控制理论、仪器仪表、计算机和其他信息技术，对轻金属冶炼过程实现检测、控制、优化、调度、管理和决策，达到增加产量、提高质量、节能降耗、确保安全等目的。我国轻金属冶炼的规模型企业主要是氧化铝厂、电解铝厂以及附属炭素厂,本书主要针对上述生产过程进行控制理论及应用的研究。

1.2 有色轻金属冶炼

轻金属冶炼工艺一般可分为两个阶段。第一阶段为由矿物或卤水结晶析出的盐类制取中间化合物,如氧化铝、氯化镁、氯化钠、氯化钾、氧化钙、碳酸锶或氧化钡。第二阶段由中间化合物通过熔盐电解或热还原方法制取金属,高纯金属通常由粗金属进一步精炼制得。

1.2.1 有色轻金属冶炼工艺

轻金属冶炼生产中铝、镁冶炼具有规模化生产。据国家统计局数据,我国2019 年原铝产量为 3504 万吨,原镁 84.48 万吨。下面针对铝、镁冶炼工艺进行介绍。

铝的冶炼生产过程是由铝矿石通过湿法制取氧化铝,再通过电解铝冶炼成铝锭。我国氧化铝工业从 20 世纪 50 年代的烧结法生产氧化铝起步,逐渐形成烧结法、混联法和拜耳法三种生产方法。我国的烧结法在氧化铝总回收率、碱耗等方面处于世界同类生产方法的先进水平。混联法是我国 60 年代独创的一种生产技术,大大推动了我国氧化铝工业的发展。拜耳法在能耗和经营成本方面,已达到国际同类方法处理一水硬铝石矿的先进水平,是目前我国氧化铝生产的主要方法。

电解铝就是通过电解得到金属铝。现代电解铝工业生产采用冰晶石-氧化铝熔融电解法。熔融冰晶石是溶剂,氧化铝是溶质,以炭素体作为阳极,铝液作为阴极,通入强大的直流电后,在 920~970℃下,在电解槽内进行电化学反应。

工业铝电解槽大体上可以分为侧插阳极自焙槽、上插阳极自焙槽和预焙阳极槽三类。由于自焙槽技术在电解过程中电耗高,并且不利于对环境的保护,所以自焙槽技术在我国被淘汰。

镁的冶炼方法工业应用上是电解法和热还原法:电解法主要为电解熔融的无水氯化镁,这个方法获得了广泛的应用,但是耗电量大,成本较高,我国青海盐湖采用这种方法生产;热还原法主要有硅热、碳热或铝热法,我国目前唯一采用硅热法生产。

轻金属冶炼生产过程因其氧化铝生产流程长、条件复杂、环境恶劣,被控对象具有变量多且相互关联、非线性、大惯性、纯滞后、干扰多等特点,应用常规的基于数学模型描述的一些控制策略以及 PID 等控制方法，难以取得较好的效果。针对这样复杂的过程，研究新的控制策略，如最优控制、预测控制、鲁棒控制、模糊控制等，已是国际上自动控制发展方向。

1.2.1.1 氧化铝工艺流程

氧化铝生产方法大致可分为碱法、酸法、酸碱联合法和热法。在工业上得到应用的只有碱法。碱法生产氧化铝是用碱（NaOH 或 Na_2CO_3）来处理铝矿石，使矿石中的氧化铝转变成铝酸钠溶液。矿石中的铁、钛等杂质和绝大部分的硅则成为不溶解的化合物，将不溶解的残渣（赤泥）与溶液分离，经洗涤后弃去或进行综合利用。从净化后纯净的铝酸钠溶液（精液）分解析出氢氧化铝，分解母液经蒸发后用于下批铝土矿的处理。

碱法生产氧化铝又分拜耳法、烧结法和拜耳-烧结联合法等多种流程[1]。

A 拜耳法氧化铝生产工艺

拜耳法生产氧化铝是目前主流的生产工艺。因铝土矿的矿物成分和结构的不同，采用的技术条件和相应的工艺流程都有差异。典型拜耳法氧化铝生产方法与工艺流程如图 1-1 所示。从矿山开采出的铝矿石经过粗碎、中碎、细碎等三段破碎后，达到矿石入磨的粒度要求，由取料机取料经输送机进入磨头仓。石灰石经煅烧后输送到石灰仓，然后与循环母液经调配后按比例一同进入棒磨、球磨的二段磨和旋流器组成的磨矿分级闭路循环系统。分级后的溢流经缓冲槽和泵进入原矿浆储槽。

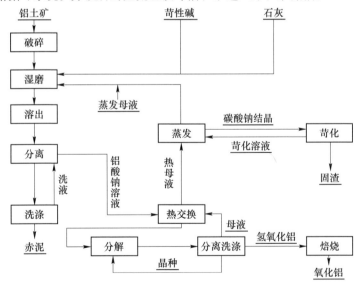

图 1-1 拜耳法氧化铝生产工艺流程

用高压隔膜泵输送矿浆进入多级预热与溶出系统,加热介质可用熔盐也可用高压新蒸汽,各级矿浆自蒸发器排出的乏汽分别用来预热各级预热器中的矿浆。溶出设备可套管加热与高压釜组成溶出器组。溶出后的矿浆经多级自蒸发器降压后,与赤泥一次洗液一同进入矿浆稀释槽。末级自蒸发器排出的乏汽,用来预热赤泥洗水,洗水由循环水与冷凝水组成。

稀释矿浆进入分离沉降槽,其溢流经叶滤与降温后送去晶种槽搅拌分解,分解后的氢氧化铝浆液经分离后,按颗粒大小进行分级,细颗粒氢氧化铝返回流程作为晶种,粗颗粒氢氧化铝送去洗涤,洗水用纯净的热水,洗净后的氢氧化铝送去焙烧,焙烧后的白泥洗液与分离后的种分母液送去蒸发,蒸发的同时添加少量的盐类晶种,以诱导和加速盐类结晶析出,进入沉降槽,其溢流与滤液(蒸发母液)、补充新的液体苛性钠即回头的苛化液组成循环母液,送去调配制备原矿浆。

蒸发浓缩后的沉降底流进入盐类分离过滤机,其滤液与沉降溢流合并组成蒸发母液;其滤饼加水溶解后添加石灰乳进行苛化,得到苛化液。苛化渣经洗涤后与弃赤泥一同排至赤泥堆场,或用于其他用途。苛化渣的洗液用于石灰化灰。分离后的赤泥,用加热后的热水进行多次反向洗涤,洗净后的赤泥经过滤后排送至赤泥堆场;其滤液与末次洗涤沉降的溢流组成赤泥洗液,用于稀释溶出矿浆。苛化渣的洗液用于石灰化灰,化灰机排出的渣弃去,制得的石灰乳送去苛化碱滤饼。

B　烧结法氧化铝生产工艺

碱-石灰烧结法生产氧化铝是将铝土矿与一定量的纯碱、石灰(或石灰石)配成炉料在高温下进行烧结,使氧化硅与石灰化合成不溶于水的原硅酸钙,氧化铁与纯碱化合成可以水解的铁酸钠,而氧化铝与纯碱生成可溶于水的固体铝酸钠,将烧结产物(通常称为烧结块或熟料)用水溶出时 $Na_2O \cdot Al_2O_3$ 便进入溶液,$Na_2O \cdot Fe_2O_3$ 水解放出碱,而氧化铁以水合物与 $2CaO \cdot SiO_2$ 一道进入赤泥,以后再用二氧化碳分解铝酸钠溶液便可以析出氢氧化铝,分离氢氧化铝后的母液称为碳分母液(主要成分为 Na_2CO_3),经蒸发后又可返回配料。其工艺流程如图1-2所示,包括生料浆的制备、熟料烧结、熟料溶出、赤泥分离及洗涤、粗液脱硅、精液碳酸化分解、氢氧化铝分离及洗涤、氢氧化铝烧结、母液蒸发等主要生产工序。

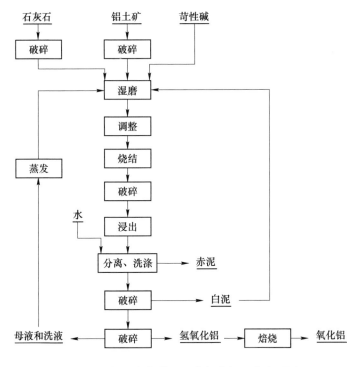

图 1-2 碱-石灰烧结法生产氧化铝工艺流程图

C 混联法生产氧化铝工艺

目前我国混联法生产氧化铝的工艺是以串联法为主体，兼有在烧结法系统中添加部分高硅铝矿石来稳定烧结法系统的工艺技术条件，并充分发挥拜耳法与烧结法两部分的生产能力。铝土矿按铝硅比值（A/S）高低分别堆存与破碎。石灰石进厂后先经筛选，筛上的大块石灰石送石灰炉煅烧成石灰，经破碎后作为拜耳法配料用，筛下的碎石灰石作为烧结法配料用。高铝硅比的碎铝矿与石灰和循环母液，按规定的比例进球磨机磨细，磨细后的矿浆由矿浆自蒸发器排出的乏汽预热，进入高压溶出器组，进行间接加热连续溶出。溶出后的矿浆经多级降压自蒸发器降压后与赤泥洗液进入矿浆稀释槽，然后入沉降槽进行分离，得到粗铝酸钠溶液（简称粗液），经叶滤机叶滤后得到合格的精液。叶滤后的滤渣送拜耳法沉降洗涤系统。分离后的赤泥浆会同烧结法过滤后的硅渣浆入拜耳法沉降洗涤系统。赤泥洗水，以烧结法的弃赤泥堆场回水及部分循环水和由溶出末级自蒸器排出的乏汽及其冷凝水加热后，作为一赤泥多次反向洗涤。洗涤后赤泥浆，经过滤脱水，按比例喷入碱浆（由烧结法的碳分蒸发母液与拜耳法蒸发母液分离出来的结晶碱滤饼组成)，组成的碱赤泥浆送往烧结法系统。碱赤泥浆，会同低铝硅比的碎铝土矿、碎石灰石、石灰、碱粉，按规定的配方送原料磨制料浆，经料浆槽调配合格混合后，送至料浆缓冲储槽，用高压泥浆泵喷入熟料窑内进行烧结。其烧结块经冷却机冷却与破碎后，与调整液按比例在湿球磨机内进行溶出，溶出后的浆液送入沉降槽进行分离。其分离的赤泥（简称二赤泥）底流配入适量的赤泥洗液，送到洗涤沉降槽进行多次反向洗涤，所得的赤泥洗液除一部分送去冲分离赤泥底流外，剩余部分送去配制调整液。洗净后的烧结法赤泥送到赤泥储槽，用循环水冲稀后送往弃赤泥堆场。赤泥堆场的回水与部分循环水加热后，作为赤泥洗水。分离后的二粗液配入适量的烧结法种分母液以调整脱硅液的苛性比值，并加入洗涤后的拜耳法赤泥种子，送入脱硅机，在规定的脱硅压力温度条件下，进行间接加热连续脱硅。脱硅后的浆液，进行沉降与过滤及叶滤分离，分离后的硅渣滤饼，用烧结法赤泥洗液冲稀，送至拜耳法赤泥洗涤系统。叶滤后的精液（简称二精液）除一部分送去做烧结法种分外，剩余部分送去做碳酸化分解。

经碳酸化分解后的氢氧化铝浆液进行沉降与过滤分离，分离后的氢氧化铝作为烧结法种分晶种使用；分离后的碳分母液，除部分送去配制溶出调整液外，其余部分送去碳分蒸发，蒸发后的碳分母液，用去冲拜耳法蒸发母液经沉降与过滤分离后的析出的结晶盐类。当烧结法系统碱与生料浆的水分过量时，可以抽取部分碳分蒸发母液送去与拜耳法碱分离沉降槽底流汇合，并加入部分石灰乳液进行苛化，其底流浆液送去碱过滤机过滤，其滤饼与碳分蒸发母液汇合，组成碱浆，再送去冲一赤泥过滤滤饼，组成碱赤泥浆。碱过滤机的滤液与碱分离沉降溢流汇合且补充部分液体苛性钠，组成循环母液，洗涤后的一赤泥滤液，为一赤泥一次洗液，用去稀释拜耳法溶出矿浆。

经叶滤后的拜耳法一精液，经冷却降温后与晶种一起，送至系列种分槽内进行晶种搅拌连续分解，分解后的氢氧化铝浆液进行过滤分离，其分离的母液送去蒸发浓缩，浓缩后含有结晶盐的蒸发母液进行沉降与过滤分离。分离出来的湿碱滤饼与蒸发的碳分母液混合，送拜耳法赤泥过滤系统，分离后的拜耳法蒸发母液与补充的液体苛性钠组成循环母液，送拜耳法矿浆磨制系统。

拜耳法种分后的氢氧化铝浆液经分离后，按颗粒大小进行分级，细颗粒氢氧化铝返回流程作为晶种，粗颗粒氢氧化铝与烧结法分离的氢氧化铝一同汇合送去洗涤，洗净后的氢氧化铝，送入焙烧窑进行焙烧，即得氧化铝。工艺流程如图 1-3 所示。

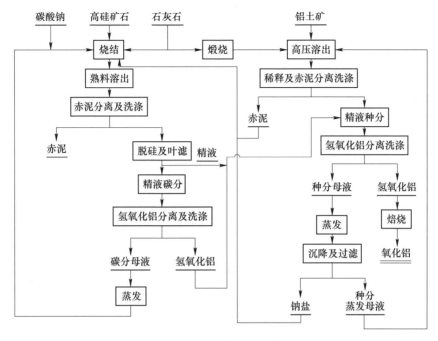

图 1-3 混联法生产氧化铝工艺流程图

1.2.1.2 电解铝工艺流程

如图 1-4 所示，电解铝生产工艺流程是：所需的氧化铝、氟化盐从厂外运至厂内氧化铝和氟化盐仓库内，采用气力输送方式将氧化铝送入烟气净化用的新鲜氧化铝贮槽。氧化铝经电解烟气净化系统吸氟后成为载氟氧化铝，由气力提升机

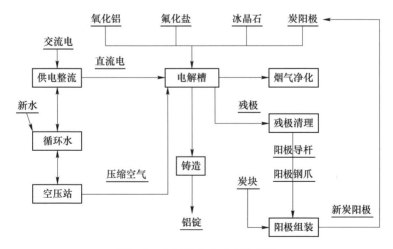

图 1-4 电解铝生产工艺流程图

送入载氟氧化铝贮槽，再由超浓相气力输送系统送至每台电解槽的料箱内，按工艺过程所需自动加入电解槽内的电解质中。

电解槽上卸下的残极，将送到阳极组装车间进行残极处理。残极上的电解质处理后返回电解槽使用。电解槽上使用的新阳极由阳极组装车间供给。铝电解生产用的直流电，由毗邻的整流所通过连接母线导入串联的电解槽中。电解槽产出的液态原铝，由真空抬包抽出，倒入敞口抬包后，送往铸造车间。

1.2.1.3　镁冶炼工艺

早期，采用菱镁矿炼镁法生产金属镁。菱镁矿炼镁主要由无水氯化镁熔体制取和无水氯化镁熔体电解两大步骤组成，现行的菱镁矿炼镁工艺流程如图 1-5 所示。

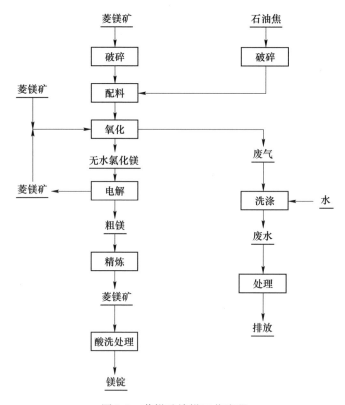

图 1-5　菱镁矿炼镁工艺流程

目前镁冶炼的方法主要有两种：电解法和热还原法。

（1）电解法是从尖晶石、卤水或海水中将含有氯化镁的溶液经脱水或焙融氯化镁熔体，之后进行电解，如图 1-6 所示。

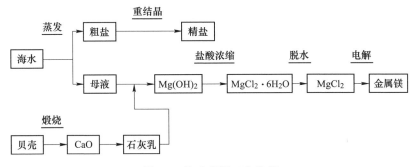

图 1-6　海水提镁工艺流程

（2）热还原法分为硅热法、碳热法、铝热法等。硅热法又有三种不同的工艺：皮江（Pidgeon）外热法；波尔扎诺（Bolzano）法，采用电内加热；马内塞姆（Magnethem）熔渣导电半连续硅热法，简称马内塞姆法。硅热法又有内热法与外热法之分。我国热还原法生产金属镁全部采用外热硅还原法生产金属镁（皮江法），也是当今世界炼镁的主流工艺。

皮江法生产金属镁是以煅烧白云石为原料，硅铁为还原剂，萤石为催化剂，三种原料通过按一定比例进行配料，混合后进入球磨机磨成粉，再压制成球，称为球团；将球团装入还原罐中，加热到1180~1200℃，并将还原罐内部抽真空至13.3Pa或更高，则产生镁蒸气；镁蒸气在还原罐前端的冷凝器中形成结晶镁，也称粗镁；再经熔剂精炼，产出商品镁锭，即精镁[1]。

皮江法炼镁生产工序：

（1）白云石煅烧：粒度合格的白云石送白云石堆场，用铲车（或皮带输送）运至煅烧车间，经回转窑煅烧，加热温度1100~1220℃，煅烧成煅白（MgO·CaO），煅烧主要发生的反应是：

$$MgCO_3 \cdot CaCO_3 \xrightarrow{1100 \sim 1200℃} MgO \cdot CaO + 2CO_2$$

（2）配料制球：将煅白、硅铁粉和萤石粉按一定比例计量配料，混合后进入球磨机磨成粉，再压制成球。

（3）还原：将料球在还原罐中加热至1180~1200℃，并将还原罐内部抽真空至13.3Pa或更高真空条件下，保持8~10h，氧化镁还原成镁蒸气，冷凝后成为粗镁，在还原罐中的还原反应：

$$2MgO \cdot CaO + Si(Fe) \xrightarrow{1200 \pm 10℃} 2Mg + 2CaO \cdot SiO_2 + (Fe)$$

（4）精炼铸锭：将粗镁加热熔化，在约710℃高温下，用溶剂精炼后，铸成镁锭，也称精镁。

（5）酸洗：将镁锭用硫酸或硝酸清洗表面，除去表面夹杂，使表面美观。

（6）燃气车间：将原煤转换成煤气，作为燃料使用，直接使用原煤或焦炉煤气的镁厂没有燃气车间。

皮江法生产金属镁的工艺流程图如图1-7所示。

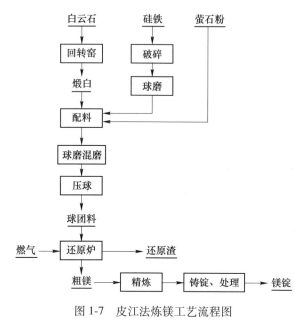

图 1-7 皮江法炼镁工艺流程图

将电解法与还原法的皮江法进行比较，结果见表1-1。

通过对电解法与皮江法进行比较分析表明，电解法与皮江法在一次能源和矿石资源消耗以及碳排量上基本相当，电解法稍优于皮江法；在投资效益上，皮江法优于电解法。两种方法采用优化控制技术均可达到节能降耗减排和改善产品品质、提高生产力、降低生产成本的目的。

表 1-1 镁冶炼皮江法和电解法对比

冶炼技术	优势	缺点	改进措施
电解法	节能； 产品均匀性好； 生产过程连续，属于能源密集型产业	无水氯化镁制备的生产工艺较难控制； 能耗大，设备腐蚀严重； 生产过程对环境造成污染，处理费用大	工艺上改进，如通过将电解的原材料由粒状氯化镁经过无水氯化氢脱水转变为水球氯化镁，从而降低能耗； 采用优化控制技术节能降耗减排

冶炼技术	优势	缺点	改进措施
皮江法	工艺流程较简单，生产规模灵活； 成品镁的纯度高； 利用资源丰富的白云石作为原料	热利用率低； 还原罐寿命短，还原炉所占的成本较大； 过程不连续，属于劳动密集型	工艺的改进，如改进还原罐结构、采作新型保温材料、改进炉型、使用新型烧嘴，对排放的废气进行回收利用； 采用优化控制技术改善产品品质、提高生产力、降低生产成本

1.2.2　有色轻金属冶炼生产过程特点

有色轻金属品种较多，生产规模差异较大，冶炼方法主要有湿法和火法。总体的过程特点如下[2]：

（1）工艺过程复杂。轻金属冶炼生产产品品种多，流程多样，同一种产品有不同的生产流程，甚至一个厂存在不同的生产工艺；生产流程长、设备多、工序关联、前后工序连续性强。以金属铝冶炼为例，从铝土矿到金属铝需要从铝土矿经湿法生产出氢氧化铝，经焙烧生产出氧化铝，再经高温熔盐电解生产金属铝三个工艺过程。

（2）工艺参数检测困难。轻金属冶炼生产工艺流程复杂，环境恶劣。湿法冶金生产过程大都是高温、高压、易结疤，高温电解生产过程是高温、强腐蚀。很多工艺参数难以直接实时检测，原料、中间产品、成品等一些重要的性能参数难以在线分析。

（3）控制要求高。轻金属冶炼生产工艺流程复杂，许多工艺参数、性能难以直接实时检测、在线分析，其控制对象大都具有非线性、强耦合、大滞后、多参数、时变等特点和难点，使冶炼生产过程对控制的要求极高。

1.3　有色轻金属冶炼自动化现状

国内氧化铝生产以拜耳法为主，其过程控制是以DCS为代表的基础控制。在拜耳生产工序中，由于工艺复杂、流程长、结疤严重，常规的测控技术和设备难适用等因素，目前从过程检测到自动控制的整体水平亟待提高，这影响了拜耳法流程工序之间的协调与生产组织，进而影响了全流程的生产产能和综合经济技术指标的全面提高，也遏制了已有的DCS系统进一步发挥作用。与之相比，国外氧化铝生产过程自动化一般都起点高、投入大，加上工艺流程相对简单，工艺装备与自动化水平较高，生产各个环节、各道工序基本上都实现了自动控制，有的工厂还建立了全厂的计算机网络，实现了生产过程的优化控制、优化运行和优化管理，实现了管控一体化。

在电解铝方面，电解铝生产过程主体是电解槽。具有工业控制总线技术的智能化槽控机，性能可靠，控制策略先进，已广泛应用于电解铝生产。在槽控机控制策略上，经历了从单纯槽电压控制模型向槽电压控制与浓度控制相结合的转变，为了获得更好的控制效果，模糊控制、自适应控制等先进控制技术不断在实际中应用。

我国电解铝生产与国外相比起步晚，但发展快，无论产能还是产量均位居世界第一。电解槽最佳工艺条件成为我国电解生产追求的目标。最佳工艺条件的保持主要取决于电解槽物料平衡、能量平衡的控制水平。就目前我国槽控系统已达到的水平来讲，物料平衡、能量平衡的控制集中体现在槽电压、氧化铝浓度、效应系数这几项重要参数的控制准确性和精度上[3]。

金属镁方面，近30年来，我国镁工业得到了快速发展。其过程控制为以PLC、DCS为代表的基础控制。但是，由于流程长、工艺复杂等因素影响，在最佳工艺条件的保持、前后工序之间的协调控制方面亟待提高；还有部分生产工序仍靠手工操作，生产效率低，劳动强度大，劳动环境条件差，资源、能源消耗大，环境污染较重，这些严重制约了炼镁行业的持续快速发展。中国镁工业正面临越来越大的资源、能源和环境的压力。能耗、环保已成为影响中国金属镁工业可持续发展的关键因素。

1.4　有色轻金属冶炼过程控制中的几个问题

近年来，我国通过引进技术和成套设备，通过消化吸收、联合攻关、自主开发研究等努力，使我国大型轻金属冶炼企业自动化、信息化水平有较大提高。在中国铝业相关企业及大型铝冶炼企业中，自动化装备水平和控制技术，已取得了很大的进展。特别是铝电解过程技术指标已达到或接近国际先进水平。但对于整个轻金属冶炼过程的控制还存在以下几方面的问题有待解决[1~4]。

（1）特殊传感器开发及检测精度提高。生产过程自动化中，最基础的是现场检测仪表开发应用。没有现场仪表的准确测量与执行，DCS控制系统的效力则大打折扣。任何控制系统，不管是常规控制、先进控制、优化控制，直到信息化的三层模式中的决策层，均涉及信息的获取技术和可靠性问题。由于轻金属生产中存在高温、高压、蒸汽、粉尘、强腐蚀、结疤的运行条件，被测介质气、液、固相俱全，当前国内轻金属冶炼过程有不少关键工艺参数的检测，依然不能采用通用仪表准确测量，且现有的通用类一次检测仪表或元件，根本不能满足检测特殊参数的要求。目前无法实现在线检测，主要表现在以下几方面：

1）氧化铝生产过程中，由于其高温、高压、蒸汽、粉尘、碱腐蚀、结疤等特性，生产过程的温度、流量、液位等测量点不能准确测量，甚至有些无法测量；

2）铝电解过程中，由于其高温、多粉尘、强腐蚀特性，电解槽内电解质温度、过热度、氧化铝浓度、电解质和铝液水平都不能在线检测；

3）回转窑广泛应用在氧化铝熟料烧结、炭素生产的石油焦煅烧以及金属镁生产的白云石煅烧过程，回转窑的温度检测尚无好的方法；

4）轻金属冶炼过程的原料、中间产品的质量、成分等快速分析仪器系统尚待开发应用。

当前，常规国产检测仪表、执行机构，大都不适应或不适合应用于冶炼生产过程的特定条件，因而各冶炼厂普遍存在着检测精度低、实时差、寿命短、维护工作量大的问题，严重影响着自动化系统稳定运行，制约了自动化水平的发展、提高和推广。

（2）DCS、PLC、现场总线功能深度挖掘。我国大型轻金属冶炼企业近几年来经新建、扩建或仪表更新，多数工厂已采用了 DCS 或 PLC 系统，但是更多的大中型生产企业只是在主流程或生产工艺需要改造的流程装置中，先行应用 DCS 或 PLC 替代原有单元仪表。对整个轻金属冶炼行业来讲，DCS 和 PLC 普及率、覆盖率均不高。如金属镁冶炼、炭阳极生产等企业因生产规模以及工艺技术限制，其自动化水平整体较低。而对应用了 DCS 和 PLC 的工序，一般均按 DCS、PLC 厂家提供的软件平台，用组态方式简单替代仪表系统的控制功能，仅执行着常规的 PID 控制，实现 CRT 集中监视等功能。多数工厂未能实现整个车间或工序的综合优化控制，没有发挥 DCS 的强大功能。这种自动化装备水平的提高，并不等于缩小了自动化应用技术与国外的差距，也不能对稳定生产过程、提高产品质量、增加经济效益发挥应有的作用。

（3）先进控制技术、优化控制、软测量技术应用开发。先进过程控制（APC，Advanced Process Control）目前还没有严格而统一的定义。一般将基于数学模型而又必须用计算机来实现的控制算法，统称为先进过程控制策略，如自适应控制、预测控制、鲁棒控制、智能控制（专家系统、模糊控制、神经网络）等。由于先进控制和优化软件可以创造巨大的经济效益，因此，国际上已经有几十家公司，推出了上百种先进控制和优化软件产品，在世界范围内形成了一个强大的流程工业应用软件产业。

在轻金属冶炼工艺过程中，许多关键工艺参数和工艺指标、质量指标无法直接测量，或虽可检测，但其测量精度、可靠性难以满足过程控制的要求，这已经成为制约提高轻金属冶炼生产自动化的瓶颈。国外利用软测量技术、智能控制等技术优化关键工序控制，取得了较好的技术经济指标并且应用相当普遍。国内由于注重系统的先进性，而对先进软件的开发与应用较少，一些先进控制和优化软件没有得到充分应用。例如，配料方面，轻金属生产配料是冶炼生产过程必不可少的工序，精确合理的配料是冶炼工艺稳定生产的前提，而目前我国配料控制基本上仍沿用过去国外采用的原料、熔剂、燃料、返粉（尘）等物料比率控制的方式。由于我国有色金属资源矿床类型多、品位低、分散的小矿山占相当大比重，所以工厂原料来源多、品位差别大，物相成分互不相同，这远不同于国外冶炼厂相对稳定的原料条件。所以这种传统、成熟的配料方式，就不能达到稳定主金属品位和炉渣成分的配料要求，造成进入冶炼主工艺的精矿主要成分波动大，因而不仅难以保证主工艺如烧结、熔炼过程稳定生产，还增加了后道工序工艺条件的波动和生产操作的困难，最终影响到整个冶炼生产能力的发挥和产品质量的稳定。

近年来，先进控制技术，如优化控制、软测量技术等作为解决工艺过程复杂问题的有效技术工具，在石油、化工、钢铁等行业已经得到了广泛采用。而在轻金属冶炼生产过程中，应用优化控制、软测量技术等先进控制理论解决其关键工艺参数或生产指标在线检测与控制的技术还有待开发。

1.5　研究依据和意义

有色金属作为国家战略性新兴产业支撑材料，其消费需求呈现增长趋势。但冶金工业能源原材料消耗高、浪费大，资源利用率低，为使供需平等、经济发展可持续，研究有色金属生产过程深度节能技术、废弃物资源化综合利用等技术十分必要。

优化技术是流程工业过程系统节能降耗取得最佳效益的关键。优化技术是研究和解决如何从所有可能的方案中寻找最优的方案，具体地说，研究如何将优化问题表示为数学模型以及如何根据数学模型快速求得其最优解这两大问题。优化作为人们强有力的思想方法，已迅速发展成为一门重要的应用数学学科，它与计算机科学、系统工程科学、自动化控制等技术发展密切相关，同时相互促进、相互提高。国内外的应用实践表明，在同样条件下，经过优化技术的运用处理，对系统效率的提高、能耗的降低、资源的合理利用及经济效益的提高等均有明显的效果，而且随着处理对象规模的增大，这种效果更加显著。因此，近年来优化方法的研究和应用倍受科技界和工业界的重视。

1.6　主要内容和研究特色

本书以有色金属铝镁生产过程为研究对象，讨论不确定过程的建模、优化及应用。本书分为 7 章。第 1 章从控制工程的角度概述有色冶金过程控制的现状，分析有色冶金生产控制系统各环节的特性及优化控制研究中的几个问题。第 2 章针对有色金属冶炼过程反应机理复杂，具有不确定性、多变量、非线性、强耦合等特点，讨论系统不确定动态优化问题的形成及描述，优化算法与求解，优化与控制一体化策略。第 3 章研究不确定系统的机会约束描述法，阐述基于多目标优化机制，寻求不确定动态行为影响系统优化经济指标的关键函数，建立机会约束的优化算法。第 4 章提出一种多输入多输出模糊预测控制策略用于拜耳法氧化铝生产中原矿浆制备。模糊模型用于描述氧化铝生产原矿浆配料过程的非线性动态特性，采用多步线性化模型构成多步预报器，将预测控制中的非线性优化问题转化为线性二次寻优问题求解。第 5 章高压溶出是一个极其复杂的生产过程，变量多且相互耦合构成一个复杂的多变量系统。以氧化铝溶出过程动力学模型为基础，提出一种非线性系统的自适应动态结构控制方法。第 6 章分析电解槽的运行状况，采用智能方法对实际生产进行操作指导，从而避开烦琐的模型控制，简单有效地实现生产过程的最优控制。第 7 章给出一种观测器方法解决金属镁过程中白云石煅烧回转窑窑内温度分布难以检测的问题。利用滤波变换将原系统变换为规范形式，用 Lyapunov 稳定性理论分析非线性动态误差方程的稳定性。

本书理论联系实际，从实际生产过程中提炼科学问题开展研究。相关方法可为其他复杂生产过程的建模、优化与控制提供借鉴和参考。

本书是作者 2019 年完成国家自然科学基金项目的成果以及多年来从事有色冶金生产过程自动化的研究工作的总结。

1.7　小结

有色金属是国民经济、国防工业、科学技术发展必不可少的基础材料和重要的战略物资。飞机、导弹、火箭、卫星、核潜艇等尖端武器，以及原子能、通讯、电子计算机等高端技术所需的构件或部件大都是由有色金属中的轻金属组成的。有色轻金属的使用量相当可观，但冶金工业能源原材料消耗高、浪费大，资源利用率低，为使经济发展可持续，利用优化控制理论、研究有色金属生产过程深度节能技术十分必要。

参 考 文 献

［1］赵庆云，王鑫健，唐新平，等. 轻金属冶炼自动化［M］. 长沙：中南大学出版社，2008.

［2］刘业翔，李劼，等. 现代铝电解［M］. 北京：冶金工业出版社，2008.

［3］张光玉，尹振香，路家超. 有色金属冶炼行业发展及近况探讨［J］. 中国金属通报，2019
　　（6）：15-17.

［4］刘英亮. 有色金属冶炼主要工艺设备及用途分析［J］. 世界有色金属，2019（9）：38-40.

2 不确定性优化及控制系统

討論過程系統工程中不確定性優化方法的最新發展；總結魯棒優化和機會約束優化等方法的研究及在過程系統工程中的應用結果，結合相關應用科學領域，探討過程系統工程未來的發展方向。

2.1 引言

高质量产品的需求、强大的市场竞争、严格的环保法规、科学技术的进步是流程工业采用高科技生产设备、高效生产技术的驱动力。为了满足所有生产限制条件，获得最大的经济效益，过程系统工程引入了数学优化技术。优化方法通过设计最佳和稳定系统性能的控制策略，充分利用可用的系统资源，及时调整以适应不断变化的条件，在不改变现有设施的情况下实施先进的生产控制技术。

任何优化技术都以建立过程的模型为前提。实际中要完全了解一个复杂的物理过程是很困难的。这种缺乏完整信息的情形将通过模型参数的不准确而显露出来。事实上，模型只是一个过程的近似抽象，没有一个模型能够精确地描述物理过程，这通常称为模型不确定性。此外，过程间的相互作用将以不确定性的形式出现。所有的不确定性都会严重影响系统的性能。

不确定性通常是不可避免的，问题是在普遍存在不确定性时，如何使一个过程达到最佳状态。一种方法是改变工艺设计来应对不确定性。复杂的工艺设计使系统产生巨大的材料成本、资源浪费，最重要的是无法保证最佳的系统性能，且复杂的工艺设计方法局限于具有稳态过程的小规模过程系统。另一种方法是利用数学工具，如优化技术，使复杂过程系统获得最优系统性能。在 20 世纪 90 年代，不确定条件下的优化方法开始在过程系统工程应用中获得稳定的基础[1~8]。两类主要的方法出现在过程系统工程应用中：随机优化和鲁棒优化。

在随机优化方法中，不确定输入被描述为概率分布的随机变量。鲁棒优化方法假设不确定输入变量为有界区间或集合的值。将优化与不确定性影响相结合的研究主要目的是制定优化设计决策和控制策略，以确保系统的鲁棒性和容错能力，可靠地满足产品质量规范和产品需求。根据不确定性的性质准确地预测系统行为，通过最优控制方案确保系统的稳定性。目前不确定优化方法已经在过程系统工程中得到了很好的应用[9~11]。图 2-1 描述了过程系统工程应用中不确定情况下的主要优化方法。

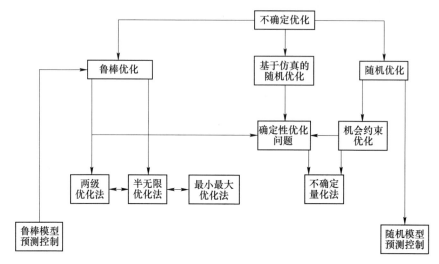

图 2-1　过程系统工程应用中不确定性优化的主要方法

2.2　不确定性来源及其特征

2.2.1　不确定性来源

过程工程应用中存在许多不确定因素。通常不确定性是由于缺乏足够的实验、测量或历史数据，测量中的随机变化，随机热力学过程等产生的。或是对过程运行机理的不完全了解，难以精确描述过程特性。例如由于过程无法进行测量或缺少适当的测量设备导致工艺参数的不确定。除了内部不确定性外，还可能有外部影响引起的不确定性。例如，环境温度、进料质量和数量的随机变化、产品需求变化、市场条件等。辨识和数学描述这些不确定性是优化的重要步骤。

2.2.2　不确定性特征

不确定性大致可分为可测量不确定性和未知不确定性。可测量不确定性通常具有分布特征，而未知不确定性则是由于某些参数难以精确测量而产生的，不存在明确的分布特征。可测量过程输入变量和随机干扰的性质可根据历史或实验数据来描述，这些不确定性通过均值、方差、协方差、高阶矩、概率分布等统计信息来表征。可测量不确定性通常被归类为随机输入变量。随机输入变量的概率分布可以是高斯分布、非高斯分布或混合分布。大多数学者假设所有随机输入变量都是高斯分布。这一假设基于：（1）计算工具和标准化软件的通用；（2）以高斯分布作为主要不确定性度量的普适性；（3）对线性过程模型输出变量的表征简单；（4）高斯（正态）密度是平稳的。研究表明，工艺的进料是上游工序的产出或产品，过程输入数据可能具有非高斯分布，因来自上游工序物料会有相当大的变化和干扰。当上游工序的不确定输入本身是非高斯的，而模型描述的是一个非线性复杂过程时，这种假设与实际的差别将使得优化变得困难。在实际应用中，不确定变量之间可能存在很强的相关性，这些随机变量之间不存在正态分布。另外，物理过程的输入随机变量之间往往是部分或完全相关的，这种相关输入不确定性对过程性能的影响更大。因为一个输入不确定性的微小变化可能会引起其他相关输入的不确定性。辨识输入不确定性之间的相关结构是动态优化的先决条件。不相关输入不确定性具有解耦的数学结构，它们的交叉影响可以用单个输入不确定性影响的乘积来表示。从实际的角度来看，不相关的输入不确定性比相关的输入不确定性更易于处理。

另一方面，在缺乏足够信息的情况下，不确定变量的近似分布特征可能导致计算结果的不准确。与随机不确定性相比，这些不确定性不能用概率来估计，但可定义此类不确定变量所属的置信区间或区域（通常是不确定集）。在动态过程模型的研究中，将输入不确定性和扰动考虑为随机过程的时变变量。一些不确定性也可能取决于过程的状态变量，这种状态相关不确定性在分布参数过程模型中很常见。实际上，不可能考虑过程系统工程应用中可能出现的所有类型的不确定性。具有大量输入不确定性的复杂过程的优化问题计算量巨大，有必要确定那些对过程性能和约束有较大影响的不确定输入变量。因此，复杂过程模型的优化问题需要使用不确定输入变量排序策略来降低不确定性的维数。为了达到优化的目的，通常需要考虑一些影响大的输入不确定性，大多数对输出影响很小或没有影响的不确定性可以忽略或替换为恒定（标称）值。

2.3 随机优化

传统的灵敏度分析方法研究输入变化对系统性能的影响，考虑恒定给定值的小邻域输入可变性，即局部敏感性分析，这些灵敏度分析方法是确定性策略，不直接考虑过程输入和参数的随机变化，不需要提供过程输出的统计特征。在随机模拟中，随机参数可以从其样本空间（不确定性集）按其概率分布取任何可能的值。输入不确定性在过程中传递，对系统产生不可忽略的影响，使得过程输出不确定。过程系统工程应用中的大多数随机仿真方法描述从输入到输出的传递不确定性。此类方法主要涉及提取过程输出的统计特性，如系统运行状态、干扰和故障识别、估计置信区间和预测可能的过程输出。

基于样本的随机优化方法将随机模拟与确定性优化算法相结合，可以分为两大类：基于重复样本的随机优化方法和基于单样本数据集的随机优化方法。这两类方法依赖于从随机输入参数的底层样本空间生成随机样本。基于重复抽样的随机优化可以称为基于随机模拟的输入不确定性随机样本优化。该方法的主要目标是在最优系统性能下量化过程输出不确定性，对不确定的输入变量生成样本，将样本置入到优化模型中，替换不确定的输入变量，得到确定性优化问题。由此产生的确定性优化问题的解对应于特定输入样本的输出变量。重复此采样和优化过程，直到输出累积足够的数据集，然后使用统计分析和推理技术提取和量化有关输出的信息，如平均值、方差、高阶矩、置信区间、概率分布等。单随机样本的随机优化通常用于获得期望的系统行为或性能。首先，生成足够大的随机样本集，然后将样本插入到优化模型中，得到一个确定性优化问题。理论上，通过增加随机样本的大小可以提高最优解的质量。在实际应用中，只有一组样本数据用来将随机优化问题转化为一个大规模的确定性优化问题。因此，随机样本的数量取决于对最终结果的期望精度。单次随机模拟运行可能无法提供足够的数据来对过程输出进行统计推断和不确定性量化。在基于样本的随机优化方法中，需要选择合适的抽样策略。重要抽样、分层抽样、控制变量法等方差减少方法在随机模拟中得到了广泛的应用。一般来说，影响基于样本的随机优化方法效率的决定因素包括随机样本数、模型复杂度（线性、非线性、模型规模、约束）、可用的计算资源等。另外，如果在优化模型中加入包含状态变量的不等式约束，则计算量将大大增加。大样本问题和相关的大规模确定性优化问题的求解可以通过并行计算的方法来解决。鲁棒优化和机会约束优化方法为不确定优化问题中的约束处理提供了更好的解决方法。

2.4　鲁棒优化

鲁棒优化方法用于当不确定输入数据不充分或输入不确定性的概率分布已知情况下。假设输入不确定性位于足够大的闭有界集（通常称为不确定性集）中，鲁棒优化方法可在满足约束条件下保证系统性能最优[12~31]。

过程系统工程应用的稳态鲁棒优化问题如下：

性能指标：　　　　　　　$f(b,x,u,\rho)$ 　　　　　　　　　(2-1)

过程模型：　　　　　　　$G(b,x,u,\rho)=0$ 　　　　　　　(2-2)

约束：　　　　　　　　　$g(b,x,u,\rho)=0,\quad j=1,\cdots,q$ 　　(2-3)

变量边界：　　　　　　　$u\in U,x\in X,\rho\in\Psi$ 　　　　　(2-4)

其中，u 是控制变量；x 是状态变量；b 是设计变量；ρ 是不确定向量变量。

在过程系统工程应用中，模型方程：$G(b, x, u, \rho) = 0$ 用于求解状态变量 x。上述问题通过优化算法求解。

$$f(b,u,\rho) = f(b,x(b,u,\rho),g_j(b,u,\rho)) = g_j(b,x(b,u,\rho),u,\rho), \quad j = 1,\cdots,q$$

$$(2\text{-}5)$$

在过程系统工程应用中的鲁棒优化，有两种广泛使用的数学求解法：双层优化和最小-最大优化。

2.4.1 双层优化

优化设计和操作指导形成两级优化问题 1：

优化设计级：$\qquad\qquad \min_{b \in D} \Theta(Q(b,\rho))$ $\qquad\qquad (2\text{-}6)$

操作指导级：$\qquad\qquad Q(b,\rho) = \min_{b \in D} f(b,u,\rho)$ $\qquad\qquad (2\text{-}7)$

$$g_j(b,u,\rho) = 0, \quad j = 1,\cdots,p \qquad\qquad (2\text{-}8)$$

在设计级，变量 b 的确定应保证操作指导级控制变量 u 满足不确定性 ρ 约束条件，设计级性能指标 $\Theta(Q(b, \rho))$ 形式有：

$$\Theta(Q(b,\rho)) = E[Q(b,\rho)] \qquad\qquad (2\text{-}9)$$

$$\Theta(Q(b,\rho)) = \min_b \max_\rho Q(b,\rho) \qquad\qquad (2\text{-}10)$$

改进的优化问题 1：有两个主要缺点，函数 $Q(b, \rho)$ 可能是非光滑的；对于不确定性 ρ，可能无法严格满足等式（2-8）中的约束条件。

改进的优化问题 2：

$$\min_{b,u_1,\cdots,u_N} \sum_{k=1}^{N} w_k f(b,u_k,\rho_k) \qquad\qquad (2\text{-}11)$$

$$g_j(b,u_k,\rho_k) \leqslant 0, \quad j = 1,\cdots,p; \quad k = 1,\cdots,N \qquad (2\text{-}12)$$

$$\min_{\rho \in \Psi} \min_u \max_{1 \leqslant j \leqslant p} g_j(b,u,\rho) \leqslant 0 \qquad\qquad (2\text{-}13)$$

式 $\sum\limits_{k=1}^{N} w_k f(b, u_k, \rho_k)$ 表示在标准值 ρ_1，$\cdots$，ρ_N 下评估的性能函数值的加权和。在优化问题（2-11）~（2-13）中，控制变量 $u_k = u(\rho_k)$，$k = 1$，$\cdots$，N 用于确定最优设计，而且变量 u_1，u_2，$\cdots$，u_N 保证约束满足 b^* 标准值。实际的控制决策是从可行性问题（2-13）中确定的，以满足约束条件。

一般来说，在两层优化方法中，不确定最优控制算法有助于操作指导。对于具有稳态优化工作点的系统，上述问题可以降为一级优化问题 3：

$$\min_u \Theta [f(u, \rho)] \tag{2-14}$$

$$\min_{u \in U} \max_{1 \le j \le p} g_j(u, \rho) \le 0 \tag{2-15}$$

问题 3 通过数值方法近似求解。在式（2-13）中的操作级要求不确定最优问题的解为全局最优。而全局最优解只有在函数 $g_j(u, \xi)$ 具有凸性结构时才能得到。然而凸性假设这一条件严重限制了此类最优策略在一大类过程系统工程系统中的应用。特别是当过程的模型复杂且高度非线性时，凸结构的验证变得相当困难，全局优化方法变得十分复杂。因此，局部优化方法成为必不可少的选择。此外，传统的两级优化通常假定输入不确定性的某些概率分布存在，实际上这种假设不可用，从而式（2-11）中性能指标的期望值公式失去了意义。因此，将鲁棒最优问题表示为一个极大极小优化问题是一个广泛应用的方法。

2.4.2　最小-最大法

最小-最大法将优化设计和操作指导问题合并考虑为：

$$\min_{u \in U} \max_{\rho \in \Psi} f(u, \rho) \tag{2-16}$$

$$\max_{\rho \in \Psi} g_j(u, \rho) \le 0, \quad j = 1, \cdots, p \tag{2-17}$$

式（2-16）、式（2-17）定义了不确定性对指标最大（最坏情形）影响。引入一个新的变量 $u_{n+1} = \max_{\rho \in \Omega} f(u, \rho)$，最小-最大问题可以表示为问题 4：

$$\min_{u \in U} \{ u_{n+1} \} \tag{2-18}$$

$$f(u, \rho) - u_{n+1} \le 0, \forall \rho \in \Psi \tag{2-19}$$

$$g_j(u, \rho) \le 0, \quad \forall \rho \in \Psi, \quad j = 1, \cdots, p \tag{2-20}$$

问题 4 可以转化为可处理的确定性优化问题。但只有当问题是线性或特殊的二次结构时，这种转换才是可行的。考虑到模型的复杂性和非线性，确定性表示在大多数过程系统工程应用中很少可用。过程系统工程应用中的鲁棒优化问题通常是近似求解的。事实上，问题 4 描述的是有限个决策变量 $u_1, \cdots, u_n, u_{n+1}$ 和无限个约束条件的优化问题。每个 ξ 值定义了一个约束。在 Ω 集中有无限个元素，式（2-19）和式（2-20）中的约束数都是无限的。问题 4 可看作为半无限规划问题。

基于半无限规划问题求解仍然依赖于决策变量 u 和约束式（2-19）和式（2-20）的凸性。凸性特性可利用全局优化算法来求解半无限规划问题。在复杂过程系统应用中产生的鲁棒优化问题，由于凸性不足，很难直接应用大多数全局优化算法。已有学者提出了广义分支边界和凸松弛结合非线性优化求解、连续凸双层优化等方法[44]。

鲁棒优化问题中不确定性集 Ω 的大小和形状至关重要。Ω 根据经验获得，实际中考虑影响大的不确定性，使 Ω 的维数尽可能小以减少优化计算量，如将 Ω 选为多面体集合或椭球集合等。为满足严格约束条件，鲁棒优化方法采用最坏情况下保证最佳性能的保守性策略，这导致求解的巨大计算工作量。为解决此问题，当输入不确定性 x 的概率分布已知时，机会约束优化是一种在不确定条件下处理过程优化问题的非保守方法。

2.5　机会约束规划

鲁棒优化方法要求严格满足所有约束条件，这可能导致系统性能下降。实际上，并非所有的过程约束都需要精确地满足。在许多过程系统工程应用中，可以容许一定程度的偏离约束。机会约束优化方法中状态变量和过程输出约束用概率密度来表示，从而对约束和预期性能做非保守处理。机会约束规定了实现产品质量规范的保证水平、产品或输出满足需求的保证水平、安全标准的可靠度以及容错的可靠度等。

机会约束规划考虑到当不利情况发生时，所做的决策可能不满足约束条件，因而它是一种在一定的概率意义下达到最优的理论。机会约束优化作为随机规划的一个重要分支在各个领域有很高的应用价值。

机会约束优化模型最初由 Charnes 等人引入。从 20 世纪 90 年代开始，机会约束优化方法开始在过程系统工程中获得应用。由于输入不确定性 x 影响整个过程，过程输出 y 变得随机，这样类似 $y_{min} \leq y \leq y_{max}$ 输出确定性约束不再适用，取而代之的是用概率 $Pr\{y_{min} \leq y \leq y_{max}\} \geq \alpha$ 进行描述。其中 α 是概率水平且 $0 \leq \alpha \leq 1$，α 越接近 1，机会约束保持输出约束的可靠性越高。当 $\alpha = 1$，机会约束方法本身变得保守。从理论和实践的角度来看，一般 $\alpha \geq 0.5$，即输出约束至少需要满足 50% 的可靠性。机会约束规划可归纳为[32~43]

$$\min_{u \in U}\{\delta_1 E[f_1(x,u,y,\rho)] + \delta_2 Var[\delta_2(x,u,y,\rho)]\} \tag{2-21}$$

$$G(x,u,y,\rho) = 0 \tag{2-22}$$

$$Pr\{y_{min}^j \leq y_j \leq y_{max}^j\} \geq \alpha_j, \quad j = 1,\cdots,p \tag{2-23}$$

其中，$U \subset \mathbb{R}^m$，表示控制变量的有界集合，性能标准为期望值 $E[f_1(x,u,y,\rho)]$ 和方差 $Var[f_2(x,u,y,\rho)]$ 的加权和。例如，$E[f_1(x,u,y,\rho)]$ 表示预期成本，$Var[f_2(x,u,y,\rho)]$ 表示输出与最小化设定值之间的变化。根据要求的最小化性能函数，可以选择与式（2-21）中相应的非负加权参数 δ_1 或 δ_2。向量 $y^T = (y_1, \cdots, y_q)$ 表示过程输出变量。式（2-23）中的约束表示单机会约束。联合机会约束为：

$$Pr\{y_{\min}^j \leqslant y_j \leqslant y_{\max}^j, j = 1, \cdots, q\} \qquad (2\text{-}24)$$

上式表示所有输出约束都同时满足相同的可靠性水平 α。为便于求解，通常将联合机会约束转换为单机会约束，或者通过对每个单机会约束采取更高的可信度。

考虑式（2-23）的单机会约束，式（2-22）中 $G(x, u, y, \rho)$ 表示稳态过程模型方程，将上面的机会约束优化简化为更紧凑的形式：

$$\min_{u \in U} \{\delta_1 E[F_1(u, \rho)] + \delta_2 Var[F_2(u, \rho)]\} \qquad (2\text{-}25)$$

$$Pr\{y_{\min}^j \leqslant y_j(u, \rho) \leqslant y_{\max}^j\} \geqslant \alpha_j, \quad j = 1, \cdots, p \qquad (2\text{-}26)$$

其中，$F_1(u, \rho) = f_1[x(u, \rho), u, y(u, \rho), \rho]$ 和 $F_2(u, \rho) = f_2[x(u, \rho), u, y(u, \rho), \rho]$。

目前，在机会约束优化问题的理论分析和计算方法方面已有一些研究成果。但在实际应用中，机会约束优化模型仍然存在许多尚未解决的问题，这些问题包括：机会约束优化的精确等价确定性优化表示、机会约束的凸性、机会约束的可微性和光滑性、求解的可行性、机会约束相关数值和梯度的计算等。

下面考虑机会约束 $Pr\{g(u, \rho) \leqslant 0\} \geqslant \alpha$ 问题，主要讨论概率函数 $p(u) = Pr\{g(u, \rho) \leqslant 0\}$ 情形，机会约束优化问题的可行集为 $M_{cc} = \{u \in U \mid p(u) \geqslant \alpha\}$。

2.5.1 机会约束的凸性

如果机会约束优化是一个凸优化问题，那么可用基于梯度的优化算法寻找其全局最优解。如果机会约束优化的性能指标是凸函数，且概率函数 $p(u)$ 相对于 u 是凹的，则机会约束优化仍是凸问题。式（2-21）中性能指标的凸性仅依赖于函数 $F_1(u, \rho)$ 和 $F_2(u, \rho)$，而概率函数 $p(u)$ 的凸性不仅取决于函数 $p(u, \rho)$ 的凸性，还取决于输入不确定性 ρ 的概率分布的凸性[44]。为保证集 M_{cc} 的凸性，要求可靠性水平 $\alpha \geqslant 0.5$。对于复杂的过程系统工程应用，机会约束优化凸性的验证非常困难。

2.5.2 机会约束的可微性

概率函数 $p(u)$ 的可微性及其梯度 $\nabla p(u)$ 的计算方法对机会约束优化的求解至关重要。虽然数学分析方法为 $p(u)$ 的可微性提供了理论保证，但实际梯度 $\nabla p(u)$ 的计算很复杂。尽管如此，目前对于一类线性机会约束优化问题有一些简单的梯度计算方法。

2.5.3 机会约束规划问题的确定性描述

一些涉及控制变量 u 的机会约束优化问题具有精确的解析表示。对于具有高斯分布不确定性的单线性机会约束，其优化问题的等价变换简化了计算复杂性。（1）$p(u) = Pr\{Au + B\rho + b \leq 0\} \geq \alpha$，这是具有叠加性不确定性的联合机会约束，这种约束广泛存在于机会约束的线性模型预测控制问题中；（2）机会约束线性矩阵不等式约束 $p(u) = \{A_0[u] + \sum_{k=1}^{p} \rho_k A_k[u] \leq 0\} \geq \alpha$；（3）乘积关系机会约束 $p(u) = Pr\{A(\rho)u + b \leq 0\} \geq \alpha$，其中 $A(\rho)$ 是随机矩阵。尽管机会约束优化中涉及的所有函数都与决策变量 u 呈线性关系，但机会约束优化的确定性表示还是可能产生非线性优化问题。如果函数 $g(u, \rho)$ 相对于 u 是非线性的，那么机会约束优化的精确确定性表示通常是不可用的。在这种情况下，机会约束优化可选择近似方法求解。

2.5.4 机会约束规划问题的随机近似法

由于集合 $M_{cc} = \{u \in U \mid p(u) \geq \alpha\}$ 是根据概率函数 $p(u)$ 定义的，当机会约束优化不能用精确的确定性表示时，通常很难处理 M_{cc}。一种可行的选择是设计一个更容易求解的机会约束优化近似值用于逼近机会约束。

（1）线性化方法。线性化方法是用一阶 Taylor 级数近似不确定变量 ρ，使得

$$g(u, \rho) \approx g(u, \lambda) + \sum_{k=1}^{p} \frac{\partial g}{\partial \rho_k}(u, \lambda)\rho_k \tag{2-27}$$

其中，$\rho \sim N(\lambda, \sigma^2)$。这种方法使得随机变量 ρ 与变量 u 之间不再关联。但只有当随机变量 ρ 具有非常小的方差时，这种线性近似才是准确的。尽管控制变量 u 和不确定变量 ρ 进行了线性化和解耦处理，但机会约束 $g(u, \rho) \approx g(u, \lambda) + \sum_{k=1}^{p} \frac{\partial g}{\partial \rho_k}(u, \lambda)\rho_k$ 的结果使得优化问题可能仍然难以求解。针对此，将其转换成机会约束 $Pr\{w_0(u) + \sum_{k=1}^{p} \frac{\partial g}{\partial \rho_k}w_k(u)\rho_k \leq 0\} \geq \alpha$ 的优化问题。

（2）样本法。基于样本生成的样本法使用一组来自样本空间 Ψ 的样本 ρ_1，ρ_2，$\cdots$，ρ_N，并考虑确定性约束 $g(u, \rho_k) \leq 0$，$k = 1$，$\cdots$，N，利用可行集 $M_{SG} = \{u \in U \mid g(u, \rho_k) \leq 0, k = 1, \cdots, N\}$ 和机会约束优化性能标准，得到确定性优化问题的最优解。

为了使基于样本的近似机会约束解具有置信度 α，使用的样本数 N 应满足

$N \geqslant \dfrac{2m}{1-\alpha}\ln\left(\dfrac{1}{1-\alpha}\right) + \dfrac{2}{1-\alpha}\ln\left(\dfrac{1}{\alpha}\right)$ ，其中 m 是决策变量 u 的维数。如置信度 α 越高，则需要的样本 ρ_1，ρ_2，…，ρ_N 越多，计算工作量越大。对不确定输入变量是高斯或非高斯型的分布函数，将样本处理为独立同分布或生成样本树，可极大地减小计算量。

（3）样本平均近似方法。样本平均近似法采用相关频率约束 $P_N(u) = \dfrac{1}{N}\sum\limits_{k=1}^{N} u_{(-\infty,\,0]}(g(u,\,\rho^k)) \geqslant \alpha$ 代替机会约束 $Pr\{g(u,\,\rho) \leqslant 0\} \geqslant \alpha$，其中 $u_{(-\infty,\,0]}(\zeta) = \left(\begin{array}{l}1,\text{if }\zeta \leqslant 0 \\ 0,\text{if }\zeta > 0\end{array}\right)$ 和 $(\rho^1,\,\rho^2,\,\cdots,\,\rho^N)$，这样从 Ψ 获得的样本形成一个具有可行集 $M_{\mathrm{SAA}} = \{u \in U \mid p_N(u) \geqslant \alpha\}$ 的确定性优化问题，其解是机会约束优化的近似最优解，具有一致渐近性和收敛性。由于 $p_N(u)$ 与概率函数 $p(u)$ 的相关频率近似，当样本 N 足够大时，这种近似是精确的。

样本法和样本平均近似方法的一个重要优点是，如果函数 $g(u,\,\rho)$、$F_1(u,\,\rho)$ 和 $F_2(u,\,\rho)$ 是凸函数，则两种方法都形成为凸确定性优化问题，从而避免了与概率函数 $p(u)$ 及其梯度 $\nabla p(u)$ 相关值多维积分的计算。

2.5.5　确定性解析近似法

2.5.5.1　反向映射

反向映射方法使用严格单调关系将输出变量的机会约束转换为随机输入变量空间。严格单调变换保持概率测度。例如，设 $y_k = \Theta(\rho_j)$ 是一个严递增函数，随机输入变量 ρ_j 和 $\Theta(\cdot)$ 是一个严格递增函数，则：

$$Pr\{y_k^{\min} \leqslant y_k \leqslant y_k^{\max}\} = Pr\{\Theta^{-1}(y_k^{\min}) \leqslant \rho_j \leqslant \Theta^{-1}(y_k^{\max})\} \tag{2-28}$$

与具有未知分布的随机输出变量 y_k 不同，随机输入的联合概率密度函数 $\rho = (\rho_1,\,\rho_2,\,\cdots,\,\rho_p)$ 是已知的，可直接计算概率值 $Pr\{\Theta^{-1}(y_k^{\min}) \leqslant \rho_j \leqslant \Theta^{-1}(y_k^{\max})\}$。式（2-28）右侧表达式的概率值可以通过多维积分获得，单调关系通过对过程模型方程进行模拟或从经验中得到，也可通过对过程模型方程的数学分析方法来获得。只有当单调关系易于辨识时，反向映射方法才可用。如果过程模型是大规模、强非线性的，无论是模拟还是数学分析的计算工作量都是巨大的。因此，需要一个通用理论计算框架来处理大规模的机会约束优化问题。

2.5.5.2　参数解析近似法

最优解的可行性是随机优化问题。通过决策变量对机会约束优化可行性预估，可有效地解决近似解的可行性问题。例如，通过对机会约束优化的可行集 M_{cc} 的内部近似，可以判断这种解的可行性。机会约束优化的近似方法可实现解的可行性和可处理性的双重目标。

将概率函数 $p(u) = Pr\{g(u,\rho) \leq 0\}$ 表示为：

$$1 - p(u) = Pr\{g(u,\rho) > 0\} = E[h(u,\rho)] \tag{2-29}$$

其中，

$$h(u,\rho) = \begin{cases} 0, \text{if } g(u,\rho) \leq 0 \\ 1, \text{if } g(u,\rho) > 0 \end{cases} \tag{2-30}$$

等价表示为：

$$Pr\{g(u,\rho) \leq 0\} \geq \alpha \begin{array}{l} \Leftrightarrow [1 - p(u)] \leq 1 - \alpha \\ \Leftrightarrow E[h(u,\rho)] \leq 1 - \alpha \end{array} \tag{2-31}$$

假如函数 $h(\cdot)$ 是不连续的，为使期望值 $E[h(u, \rho)] \leq 1 - \alpha$ 的求解简单，将式 (2-31) 重写为：

$$E[h(u,\rho)] \leq \Gamma(u,\tau), \tau > 0 \tag{2-32}$$

设函数 $\Gamma(u, \tau)$ 可辨识，优化问题变为：

$$\min_{u \in U} F(u) \tag{2-33}$$

$$\Gamma(u,\tau) \leq 1 - \alpha \tag{2-34}$$

$$u \in U \tag{2-35}$$

式 (2-33)~式 (2-35) 是机会约束优化的一种近似解。式 (2-32) 对于任意参数 $\tau > 0$，则 $M_\tau = \{u \in U \mid \Gamma(u, \tau) \leq 1 - \alpha\} \subset M_{cc} = \{u \in U \mid p(u) \geq \alpha\}$。因此，集合 M_τ 是机会约束优化可行集合 M_{cc} 的内部近似，即 $M_\tau \subset M_{cc}$。通过调整参数 τ，集合 M_τ 更接近机会约束优化的可行集合 M_{cc}，从而使函数 $\Gamma(u, \tau)$ 收敛到 $E[h(u, \rho)]$。参数函数 $\Gamma(u, \tau)$，$\tau > 0$ 的求解通常用解析法。

上述方法代表机会约束优化的一个解析近似。实际应用中，机会约束的过程输出变量通常是用高阶非线性方程描述，但其凸性结构很难验证。一个简单的近似方法是利用光滑函数 $\Gamma(u, \tau)$ 确保先验可行性：

$$\Gamma(u,\tau) = E[\varXi(\tau, u, g(u,\rho))] \tag{2-36}$$

其中，

$$\varXi(\tau, u, \rho) = \frac{1 + \tau m_1(u)}{1 + \tau m_2(u) \exp\left(-\dfrac{1}{\tau s}\right)} \tag{2-37}$$

这为输入变量随机概率分布的机会约束优化提供了一个通用框架。

2.5.6　机会约束及其导数的估计

由于输入的不确定性，模型需要高阶概率积分描述。假如目标函数和随机优化问题的约束条件也都包含不确定性，则基于梯度的优化算法需要较大的计算资源。梯度算法的第 k 步迭代中的 $F(u_k)$、$\Gamma(u, \tau)$、梯度 $\nabla F(u_k)$ 和 $\nabla \Gamma(u, \tau)$，$\tau \in (0,1)$ 对应于任意一个多维概率积分：

$$E[f(u_k, \rho)] = \int \cdots \int f(u_k, \rho) f(\rho) \mathrm{d}\rho \tag{2-38}$$

$$\nabla E[f(u_k, \rho)] = \int \cdots \int \nabla_u f(u_k, \rho) f(\rho) \mathrm{d}\rho \tag{2-39}$$

其中，$f(\rho)$ 表示输入随机变量 ρ 的联合概率密度函数。多维积分的数值近似计算有三种成熟的方法：蒙特卡罗（Monte Carlo）法、准蒙特卡罗法和求积法。这三种方法的区别在于 Ψ 集和权重 w_i，$i = 1$，$\cdots$，N 生成的集点不同。如，$E[f(u_k, \rho)]$ 的值可以用加权和近似：$E[f(u_k, \rho)] = \sum_{i=1}^{N} w_i f(u_k, \rho)$。

2.6　不确定性动态优化控制

动态优化的实际应用除要求系统稳定性外，还要对过程动力学进行研究。不确定动态过程的最优控制设计可以离线进行，也可以在线进行。离线最优控制无法实时调整控制输入使过程的操作适应动态的变化。鲁棒控制方法对于非线性动力学的过程应用存在一定的局限性。模型预测控制方法考虑到过程约束，其控制策略得到了广泛的应用。不确定过程的模型预测控制设计有两个核心问题：稳定控制器设计和预测状态轨迹。

对于确定性系统，反馈模型预测控制和闭环模型预测控制是等价的。而对于不确定系统，这种等价性不再成立。模型预测控制通过提高状态预测精度来减小不确定干扰对状态轨迹的影响。一般来说，不确定系统的模型预测控制方案大致可分为四大类：最小-最大模型预测控制、管模型预测控制、基于软约束的模型预测控制和机会约束模型预测控制。这些控制方案主要涉及系统性能优化和鲁棒策略，满足状态约束的可靠性和保证系统的稳定性。

2.6.1　最小-最大模型预测控制

最小-最大鲁棒模型预测控制思想是在每个预测范围内，用不确定性能函数的最坏情形来设定鲁棒优化问题，即在预测范围内输入不确定性优化的实现，要严格满足控制、状态和输出约束。一般来说，不确定性会随时间而衰减或持续，但是有界的。最小-最大鲁棒模型预测控制实为一种保守的控制策略。

2.6.2　管模型预测控制

　　管模型预测控制假设不确定性存在于一个封闭的有界集合 Ψ 中。管模型预测控制主要目标是设计稳定控制器，严格满足不确定性状态和输出约束。状态轨迹位于输出轨迹变化的一定范围即管内。管模型预测控制的核心问题是构建一个恰当的管，精确地包含所有相关的状态和输出变化轨迹。对于具有不确定性部分的线性过程模型，这种管的构造相对简单。非线性过程系统模型管的构建较为复杂。管非线性模型预测控制方法通常采用两段式设计方法。首先离线求解状态和输出约束模型预测控制，得到不确定系统参考轨迹，然后在线控制跟踪不确定系统的参考轨迹。管的设计确保严格满足状态和输出约束。大多数管都是由多面体或椭圆截面构成。求解管非线性模型预测控制方法之一是将参考轨迹附近的非线性不确定过程模型线性化。

　　管模型预测控制方法的计算效率在很大程度上取决于管结构，因此需要在管结构的简单性和控制的准确性之间作权衡。由于管强制状态轨迹保持在安全区域内，并满足严格的约束条件，所以大多数管模型预测控制是保守的控制策略。

2.6.3　基于软约束的模型预测控制

　　软约束方法通过松弛法允许状态约束一定程度的偏离。通过在每个状态约束中添加新的（松弛）变量来放松状态约束。同时在性能指标中加入惩罚项来控制松弛的紧密性。因此，软约束方法不需要严格的满足状态约束。与最小-最大模型预测控制相比，在每个预测区间只需求解一个单级优化问题，计算量明显下降。为合理地软化约束，需要对约束进行适当惩罚，以避免过度松弛。一般来说，状态约束应有选择地软化，这取决于状态在偏离情况下每个约束相关的风险程度[45~53]。软约束方法通常用于模型预测控制问题，允许不确定性从有界集中取确定值。如果状态和输出约束中有明确不确定性，这种方法的有效性会降低。

2.6.4　机会约束模型预测控制

　　机会约束假设不确定输入变量具有已知的概率分布。在实际应用中，随机变量多数是有界的，且大部分是正的。从理论上讲随机输入变量存在于一个无界集合中。随机输入可以是与时间无关，也可以与时间相关，时间相关的不确定性需在预测区间进行离散化。机会约束通过概率函数给出状态和输出约束的松弛。状态和输出的约束要满足可靠性（概率）要求。因此，机会约束模型预测控制方法是在每个有限预测区间求解机会约束优化问题。

$$\min_{u_{k+1},\cdots,u_{k+N}} E\left[\,J(x,u,\rho)\,\right] \tag{2-40}$$

$$x_{k+1+i} = f(x_{k+i},u_{k+i},\rho_{k+i}),\quad i=0,1,\cdots,N \tag{2-41}$$

$$Pr\,\{x_{k+1+i} = g_j(x_{k+i},u_{k+i},\rho_{k+i}) \leqslant 0,\quad j=1,\cdots,q\} \geqslant \alpha \tag{2-42}$$

$$u_{k+i} \in U,\quad i=0,1,\cdots,N$$

机会约束：
$$Pr\left\{\begin{matrix} g_j(x_{k+1+i},u_{k+i},\rho_{k+i}) \leqslant 0 \\ j=1,\cdots,q \end{matrix}\right\} \geqslant \alpha \tag{2-43}$$

式（2-41）表示概率状态约束或输出约束或状态和输出变量的概率约束。在这个公式中，概率约束为预测时间区间内的联合机会约束。

利用单机会约束 $Pr\{g_j(x_{k+1+i},\ u_{k+i},\ \rho_{k+i}) \leqslant 0\}\ \alpha_j,\ j=1,\ \cdots,\ p$ 简化联合机会约束问题。每个状态或输出相关约束满足各自的置信度 α_j。提高置信度 α_j，$j=1,\ \cdots,\ p$，可满足联合机会约束要求。

机会约束模型预测控制方法中最重要的二分法基于过程模型的类型。线性过程模型机会约束预测控制中的线性机会约束可以具有精确的解析表达式。对于输入不确定性概率模型来说，这种确定性的表示是可能的，如当随机输入变量在预测范围内为高斯分布时。但即使是线性过程模型，有时也难以获得精确的解析表达式。在这种情况下，设计线性机会约束的近似处理式，构成确定性半定优化问题。本质上，机会约束模型预测控制问题都是非线性的，与过程模型的类型无关。非线性过程模型的机会约束模型预测控制问题中，机会约束的精确解析表示法很难获得。处理非线性机会约束模型预测控制问题的途径之一是对非线性机会约束采用近似策略。上节总结的近似方法都可以应用于非线性机会约束模型预测控制。由于求解非线性机会约束优化问题的计算量很大，机会约束模型预测控制方法实际上难以实现。因此，有必要寻找计算工作量少且满足预期目标的方法。

一种方法是使过程模型方程在参考轨迹附近连续线性化，这种参考轨迹是通过求解相应的标称非线性模型预测控制问题而获得的。大多数线性化方法只针对具有叠加性的不确定性非线性过程模型。另一种方法是反向映射方法。反向映射可得到随机输入机会约束的精确表示，这种方法适用于具有相乘不确定性的非线性模型。当过程模型呈现高度非线性、复杂性时，线性化方法和反向映射方法的有效性降低。在机会约束模型预测控制中，预测长度是关键参数。较长的预测时间会产生更多的不确定性，增加计算量。对于非线性模型，通过对一组多维积分的求解得到机会约束的值。当预测区间太长时，这些积分计算量很大。另一方面，又倾向于更长的预测范围，这样可获得更远的状态以保证系统的性能。因此，需要在预测范围长度和求解计算量之间做平衡。

2.7 先进控制

先进过程控制一般指基于数学模型而又必须用计算机来实现的控制算法，统称为先进过程控制策略。例如，自适应控制、预测控制、鲁棒控制、智能控制（专家系统、模糊控制、神经网络）等。

智能控制是目前一个极受人们关注的新兴学科，它是以传统的控制理论为基础发展而来的，主要用来解决那些用一般方法难以解决的复杂系统的控制问题，如具有不确定的模型、高度的非线性或控制要求复杂的系统。智能控制是继经典控制理论方法和现代控制理论方法之后新一代的控制理论方法。

智能控制系统是实现某种控制任务的一种智能系统，它是人工智能和自动控制的结合。所谓智能系统是指具备一定的智能行为的系统。具体地来讲，就是对于一个问题的激励输入，系统具备一定的智能行为，并能够产生合适的解的响应，这样的系统便称为智能系统。智能控制系统的结构如图 2-2 所示。

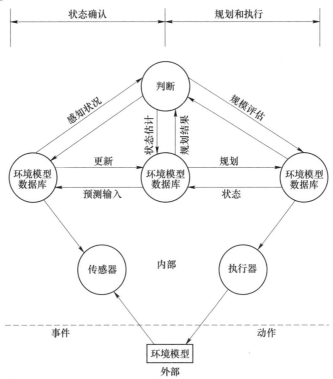

图 2-2 智能控制系统的结构

在该系统中，广义对象包括了通常意义下具体的流程过程设备等被控对象及其所处的外部环境。感知信息处理、认知以及规划和控制等部分构成智能控制器。感知信息处理将对变送器采集得来的生产过程信息加以处理。认知部分则主要接受和存储知识、经验、数据，并对其进行分析、推理和预测后输出相应的控制决策到规划和控制部分，然后再由规划控制部分根据控制要求、反馈信息及经验知识，完成自动搜索、推理决策和动作规划，最终产生具体的控制作用，经调节阀施加于被控对象。通信接口除了提供人机之间的联系外，还负责各个环节间的信号联系，并可根据需要将智能系统与上位计算机联系起来。

智能控制的定义并未给出一个明确的界限，即使是智能控制系统，其智能程度的高低也各有不同。通常的智能行为主要包括：判断、推理、证明、识别、感知、思考、预测、设计、学习、规划和决策等。另外，智能控制系统都大致具备以下几项功能：

（1）学习功能。如果一个系统能对生产过程或其外部环境的未知特征所固有的信息进行学习，并将得到的经验用于进一步的估计、分类、决策或控制，从而使系统的性能得到改善，那么称该系统为学习系统。

具有学习功能的控制系统称为学习控制系统，这里主要强调其具备学习功能的特点。对于不同的智能系统，其学习功能也有高有低，低层次的学习功能主要指对被控对象参数的学习；而高层次的学习则是指知识的更新和遗忘等。

（2）适应功能。智能行为实质上是一种从输入到输出的映射关系，它可看作是不依赖于模型的自适应估计。当系统的输入是没有学习过的新情况时，由于适应功能的补偿作用，仍能给出适当的输出。甚至当系统的某部分出现故障时，系统仍能正常地工作。更高级的智能系统具有故障自诊断及自动修复等功能。

（3）组织功能。组织功能指的是对于复杂的系统和分散的变送器信息具有自行组织和协调的能力，它也可表现为系统具有相当程度的主动性和灵活性，即智能控制器可以在任务要求的范围内自行决策、主动地采取行动。而当出现多目标相互冲突时，它还能依据一定的限制条件自行裁决。

智能控制是多学科的交叉，其内容十分广泛，目前仍处于它的发展期，还未能建立起一个完整的理论体系。对于已经发展起来的智能控制系统，目前最主要的有三种形式，即模糊控制、专家系统和人工神经网络。它们既可以单独地使用，也可以和其他形式的系统结合使用，并适用于过程建模、控制优化、计划调度和经营决策等不同的层面。

本节所介绍的主要内容可分为三大类。一是面向复杂特性系统的几种解决方案，如被控变量和主要扰动不可测量时的推理控制，过程间有较强关联时所采用的解耦控制以及过程有较大时滞时的时滞补偿控制等；二是以现代控制理论为基础的多变量控制系统，包括自适应控制和预测控制等；第三是介绍几类智能控制系统。这些控制算法在复杂的工业过程控制中都得到了成功的应用，具有较强的实用价值。

2.7.1 软测量技术

在有色金属冶炼工艺过程中，许多关键工艺参数和工艺指标、质量指标无法直接测量，或虽可检测，但其测量精度、可靠性难以满足过程控制的要求，成为制约提高轻金属冶炼生产自动化的瓶颈。

软测量技术为解决生产过程关键工艺参数或生产指标在线检测与控制提供了有效的技术工具。

2.7.1.1 软测量技术的意义

若能从生产过程中采集到更多、更准确的相关信息，无疑对控制是十分有益的。在当前普遍采用的计算机控制系统中，所能获取和积累的数据要比传统的仪表控制系统多许多倍，但是仍然存在着以下的一些问题：

（1）绝大多数的数据都处于正常状态的范围内，人们一般在了解后便将它们搁置起来而不再有其他用处。如何充分利用已经采集的历史数据，进而能够从中找到规律以至预测出新的信息，是一个很值得关注的问题。近年来出现的数据挖掘技术已有了一些可喜的成果。另外，能否综合利用各种定量和定性数据而不仅限于模拟量和数字量的数值范围也是一个值得探讨的思路。

（2）至今能直接测量的过程品质指标变量还很少，仅仅限于温度、液位、压力和流量等，而关于组分和物性的连续测量还存在着许多问题。如某些测量工作仍需人工完成，只能间歇地进行采集分析，而且每次分析还要花费一定的时间。即使有在线的自动分析仪器，每完成一次分析仍需要很长的时间比如十几分钟，这样一来就造成了较大的时间滞后。为了解决此类问题，人们一方面致力于开发更为迅速可靠、适用于在线工作的各种传感仪表，另一方面则把着眼点放在了软测量技术上。

所谓软测量技术即是从能够测量的数据来推断出不能测量的数据信息的软件技术。软测量方法与新型传感器的开发是两条并行不悖的途径，相互之间更可以起到相辅相成的作用。而根据软测量的结果所进行的控制，即依据推理信息的控制，被统称为推理控制。

2.7.1.2 软测量的方法

软测量的原理可用图 2-3 来表示。对象有两类输入变量，即控制向量 $u(t)$ 和

扰动向量 $d(t)$。输出变量也有两种，一个是可测的辅助输出向量 $y_s(t)$，另一个就是待求的未知关键输出变量 $y(t)$。软测量的任务就是依据各种可以测量的信息，包括 $u(t)$、$y_s(t)$ 和部分的 $d(t)$，去推断不能或不易测量的变量 $y(t)$ 或是状态变量 $x(t)$ 和部分不能被直接观测的扰动 $d(t)$。

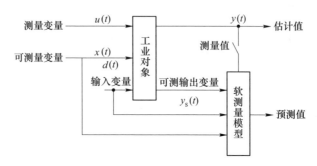

图 2-3　软测量模型结构

（1）基于动态数学模型的方法。首先是对状态的估计。如果有部分 $d(t)$ 可测，可以将其和 $u(t)$ 包含在一起构成广义的输入矩阵，这时用状态空间表述形式的对象动态数字模型为：

$$\dot{x} = Ax + B\widetilde{u} + \omega \tag{2-44}$$

$$y_s = Cx + \upsilon \tag{2-45}$$

式中的 ω 和 υ 是随机干扰向量，A、B、C 是相应的参数矩阵。

这样通过状态估计的方法（如采用卡尔曼状态估计器）就可以得到状态向量的估计量：

$$\dot{\hat{x}} = A\hat{x} + B\widetilde{u} - M(y_s - C_x) \tag{2-46}$$

式中，M 为校正矩阵。在实际工程应用中，参数矩阵 A、B、C 较难获得，同时随机干扰向量也不知道。所以该种方法的应用范围受到一定的限制。

（2）基于稳态回归模型的方法。假设在图 2-3 中，$u(t)$、$d(t)$ 和 $y_s(t)$ 都是可测的，并可选作为自变量，$y(t)$ 为待求的关键输出变量，则有：

$$y = \phi(y_s, u, c) \tag{2-47}$$

若采用线性回归，则有：

$$\Delta y = a\Delta y_s + b\Delta u + c\Delta d \tag{2-48}$$

为了得到参数向量 a、b、c，可以先在操作范围内测定一系列的 $\{y, y_s,$

u, d} 数据。其中 y_s, u, d 可由测量数据获得，而 y 值只能用人工测试分析的方法得到。然后将 a、b、c 作为未知量，用最小二乘法估计它们的值。回归模型必须先用实际的数据进行校验，符合条件后方可作为软测量方程使用。然后再测量 y_s, u, d 的新数据，并由式（2-48）求取 y 值。

由于实际的系统本质上都是非线性的，若非线性的程度不严重，且条件要求不高时。可以使用式（2-48）这样的线性化近似式。若是非线性的程度较为严重，或要求较高时，便需要使用非线性回归模型。

2.7.2　推断控制

推断控制针对主要扰动和关键输出变量都不可在线测量的情况。这类系统的目的是通过对辅助变量的测量，发现系统中存在的主要扰动，并设法补偿它们的影响，同时还要使关键的被控变量趋近并保持在设定值附近。结构图如图 2-4 所示。

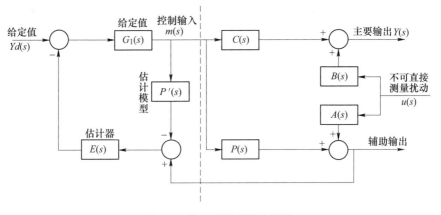

图 2-4　推理控制系统的框图

图中的右半边是过程部分，而推断控制部分在图的左半边。近年来，在国际上和国内推断控制的含义被不断扩大，凡是采用推断变量的控制，即基于软测量的控制，统称为软测量。当推断变量是不可测的被控变量时，可以构成各种输出反馈系统，其中尤其以串级控制系统和简单控制系统为多；而当推断变量是不可测的扰动时，则可以构成前馈—反馈控制系统。

2.7.3　自适应控制

在实际的生产过程中，许多被控对象的特性是随着时间不断变化的，这些变化将会导致工艺参数产生大幅度的波动。对于这类过程使用常规的 PID 控制已不能保证稳定的产量和质量，而自适应控制可以较好地解决这个问题[54,55]。

　　自适应控制指的是能适应环境条件或过程参数的变化，并根据这些变化自行调整控制算法的控制。它通过测量系统的有关信息，从而了解对象特性的变化情况，再进一步依据某种算法来修正控制器的可调参数，使系统始终处于最佳的运行状态。自适应控制系统要实现上述的任务，则必须包含双重功能，一是能够辨识环节条件或过程参数的变化，二是能在此基础上调整原有的控制算法，其一般性框图如图2-5所示。自适应控制已进入自学习、自组织这一比较高级的智能控制的范畴。

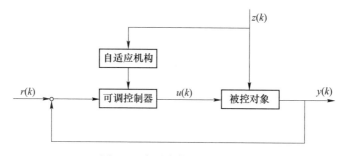

图 2-5　自适应控制系统框图

根据自适应控制系统的设计原理和结构的不同，可分为以下4类：

（1）变增益自适应控制系统；

（2）模型参考自适应控制系统；

（3）直接优化目标函数的自适应控制系统；

（4）自校正控制系统。

2.7.3.1　变增益自适应控制系统

这类系统的方框图如图2-6所示。根据所能测量到的系统辅助变量，直接到预先设计好的表格中去查找选择控制器的增益，以补偿系统由于自身及环境等条

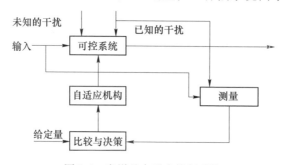

图 2-6　变增益自适应控制系统

件变化而造成对象参数变化的影响。此种方法的关键是找出影响对象参数变化的辅助变量，并设计好依据辅助变量查询选择控制器增益的表格。

变增益自适应控制系统的结构简单，动作迅速，但其参数补偿是按开环控制的方式进行的。

2.7.3.2 模型参考自适应控制系统

模型参考自适应控制系统原理图如图2-7所示。输入变量$r(t)$，一方面输入到控制器K，产生控制作用$u(t)$，对过程进行控制，系统的输出为$y(t)$。另一方面则送往参考模型，其输出$y_m(t)$体现了所期望的品质要求。将$y(t)$与$y_m(t)$进行比较，所得的偏差$e(t)$送往参数调整装置，进而实现对控制器的重新整定，使$y(t)$更好地接近$y_m(t)$。

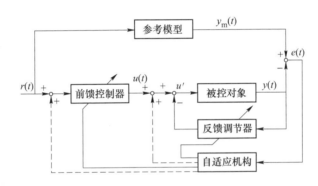

图2-7 模型参考自适应控制系统

在模型参考自适应控制系统中，不需要专门的在线辨识装置，用来更新控制系统参数的依据是相对于理想参考模型的广义误差$e(t)$。参考模型与控制系统的模型可以用系统的传递函数、微分方程、输入—输出方程或系统的状态方程来表示。这类控制系统所要研究的主要问题在于设计一个稳定的、具有较高性能的自适应算法。

这类自适应控制系统设计方法的理论基础为局部参数优化方法、李雅普诺夫稳定性理论和波波夫（Popov）超稳定性理论。

2.7.3.3 直接优化目标函数的自适应控制系统

直接优化目标函数的自适应控制系统结构原理图如图2-8所示。该系统选择某个指定的目标函数：

$$J(\eta) = E\{f[y(t,\eta), u(t,\eta)]\} \tag{2-49}$$

式中，y 为输出；u 为控制信号；η 为控制器的可调参数向量；$E\{\cdot\}$ 表示数学期望。

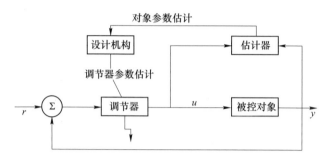

图 2-8　直接优化目标函数的自适应控制系统

在系统运行过程中不断地求取上述目标函数的最小值，可采用随机逼近法找到可调参数向量 η，使得当系统的对象参数发生变化时，仍可运行在最佳状态。这是一种更为直接、明了的设计方案。

2.7.3.4　自校正控制系统

自校正控制系统的原理图如图 2-9 所示。

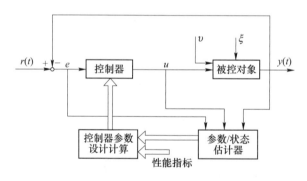

图 2-9　自校正控制系统

该系统在原有控制系统的基础上增加了一个外部回路。它由对象参数辨识器和控制器参数计算机构组成。将对象的输入信号 u 和输出信号 y 送入对象参数辨识器，并在线辨识出时变对象的数学模型，控制器参数计算机构便根据辨识结果设计计算自校正控制率和修改控制器参数，这样在对象参数模型受到扰动而发生变化时，保证控制系统性能仍能保持或接近最优状态。

在这类系统中，先用辨识手段获得过程数学模型的参数，然后自行校正控制算法。在自校正控制系统中，用来综合自校正控制律的性能指标有两类：优化性能指标和常规性能指标。前者如最小方差、LQG 和广义预测控制；后者如极点配置和 PID 控制；用来进行参数估计的方法有最小二乘法、增广矩阵法、辅助变量法和最大似然法。

2.7.4　预测控制

预测控制作为一种全新的优化控制方法在 20 世纪 70 年代出现。1974 年美国壳牌石油公司首先将动态矩阵控制（Dynamic Matrix Control，DMC）用在其生产装置上；1979 年法国的 RIhalet 和 Mehra 等提出的模型预测启发式控制（Model Predictive Heuristic Control，MPHC）也在工业上得到应用。由于预测控制的先进性和有效性，使其成为控制理论及其工业应用的热点。控制界投入大量的人力物力对其进行研究，预测控制的理论、算法和应用技术得到了很大的发展。图 2-10 为预测控制方框图。

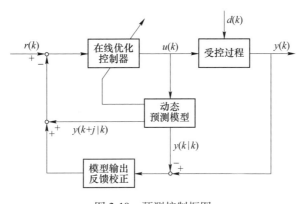

图 2-10　预测控制框图

目前已经有了几十种预测控制算法，其中比较具有代表性的是模型算法控制（MAC）、动态矩阵控制（DMC）和广义预测控制（GPC）。

各类预测算法的共性体现在以下三个方面：

（1）预测模型根据被控对象的历史信息 $\{u(k-j)，y(k-j)，j \geqslant 1\}$ 和未来输入 $\{u(k+j-1)，j=1，\cdots，m\}$，预测系统未来响应 $\{y(k+j)，j=1，\cdots，p\}$。预测模型有参数模型（如微分方程、差分方程）和非参数模型（如脉冲响应、阶跃响应）。

基于模型的预测示意图如图 2-11 所示。

（2）滚动优化控制的优化是滚动进行的。依据目标、模型和现状可以计算出在今后一段时期应该施加的控制作用量。在 k 时刻，只要将控制作用量 $\Delta u(k)$ 施加于对象，而该时刻以后，控制系统又将重新计算控制量。滚动优化是人们在

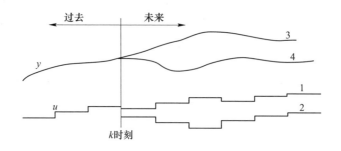

图 2-11 基于模型的预测示意图

1—控制策略①；2—控制策略②；3—对应于控制策略①的输出；4—对应于控制策略②的输出

处理具有不确定性事物时所采用的一种有效策略。

滚动优化示意图如图 2-12 所示。

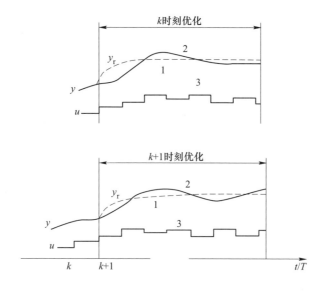

图 2-12 滚动优化示意图

1—参考轨迹 y_r（虚线）；2—最优预测输出 y（实线）；3—最优控制作用 u

（3）反馈校正。由于预测模型并不能完全准确地反映实际模型的性质，并考虑到实际扰动的存在，所以需要引进反馈校正，构成闭环优化以修正预测值。

反馈校正示意图如图 2-13 所示。

预测控制都具有内部模型控制（简称内模控制）的结构，而且可以利用内模控制结构找出各种预测控制算法的内在联系，归纳出统一的格式。

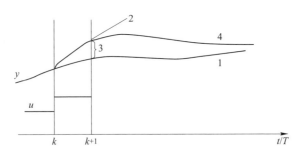

图 2-13 反馈校正示意图

1—k 时刻的预测输出；2—k+1 时刻预测误差；

3—k+1 时刻实际输出；4—k+1 时刻校正后的预测输出

2.7.4.1 模型算法控制

模型算法控制的原理框图如图 2-14 所示。模型算法控制的结构包括四个计算环节：内部模型（模型）、反馈校正（闭环预测输出）、滚动优化（优化算法）、参考轨迹。具体模型算法控制很多，有单步模型算法控制、多步模型算法控制、增量型模型算法控制和单值模型算法控制等。以多步模型算法控制为例，介绍模型算法控制。

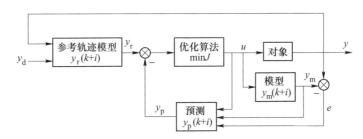

图 2-14 模型算法控制原理图

A 内部模型

模型算法控制采用的是单位脉冲响应曲线这类非参数模型作为内部模型，如图 2-15 所示，分别以各个采样时刻的 h_i 表示，共取 N 个采样值。这类模型测量较为容易，不必进行复杂的数据处理，尽管精度不是很高，但其数据冗余量大，抗干扰能力也较强。基于这个内部模型，可以用对象的过去和未来的输入、输出数据，从方程中得到预测对象未来的输出：

$$y_m(k + i) = \sum_{j=1}^{p} h_j u(k + i + j), \quad i = 1, 2, \cdots, P \qquad (2\text{-}50)$$

式中，$y_m(k+1)$ 为 $k+1$ 时刻预测模型输出；h_1，h_2，$\cdots$，h_p 为实测到的对象单位脉冲响应序列值；$u(k-1)$，$\cdots$，$u(k-N+1)$ 为过去响应时刻的控制输入量；j 为单位脉冲响应序列长度；P 为多步输出预测时域长度。

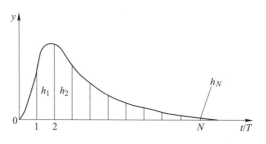

图 2-15　单位脉冲响应曲线

有了内部模型的预测作用，这种算法可以得到比常规 PID 更好的控制效果。对于有纯滞后的对象，效果更为显著。

B　反馈校正

被控对象存在时变或非线性，以及随机干扰的影响，模型的预测值与实际过程之间总存在着一定的误差。而预测控制在每个采样时刻，都会利用测量到的过程变量对模型的预测值进行修正，即：

$$y_p(k+i) = y_m(k+i) + h_i[y(k) - y_m(k)] = y_m(k+i) + h_i e(k) \quad (2-51)$$

式中，$y_p(k+i)$ 为闭环系统的预测输出；$y_m(k+i)$ 为预测模型输出；h_i 为误差修正系数，一般令 $h_i = 1$，2，$\cdots$，p；$y(k)$ 为 k 时刻对象输出的实际测量值；$e(k)$ 为 k 时刻预测模型输出误差：

$$e(k) = y(k) - y_m(k) \quad (2-52)$$

由于采用了修正后的预测值作为计算系统最优性能指标的依据，它实际上也是对被测变量的一种负反馈，故称为反馈校正。此时若因系统的时变性或干扰的因素而使对象的特性发生了某种变化，内部模型已不能准确地得到反映对象变化的预测输出值，但通过反馈环节的校正，会使这种情况得到缓解，从而大大提高整个控制系统的鲁棒性。

C　滚动优化

预测控制作为一种最优控制策略，它的目标函数是使某项性能指标达到最小。最常用的二次型目标函数为：

$$J_p = \sum_{i=1}^{P} q_i [y_p(k+i) - y_r(k+i)]^2 + \sum_{j=1}^{M} \lambda_i [u(k+j-1)]^2 \quad (2-53)$$

式中，q_i，λ_i 分别为输出预测误差和控制量的加权系数；$y_r(k+i)$ 为参考输入轨迹；其他符号同式（2-51）、式（2-50）。

根据式（2-53）的目标函数取极小值的条件，可以得到 M 个控制作用序列 $u(k)$，$u(k+1)$，$\cdots$，$u(k+M-1)$。但是在实际控制中，只会使用当前的 $u(k)$，而下一个时刻的控制量 $u(k+1)$ 则需要重新进行递推运算。可见，预测控制并不是使用一个不变的全局优化目标函数来一次性地离线获得全局最优解，而是采用滚动的有限时域中优化方法，通过在线的反复迭代计算得到一个全局次优解。由于滚动实现的优化对于系统模型时变、干扰等影响能及时补偿，因而称其为滚动优化算法。另外，目标函数中还加入了对控制量的约束项（式（2-53）第二项），它可以防止过大的控制量冲击，以保证系统输出的平稳性。

D 参考轨迹

在模型算法控制中，控制的目的就是使对象的输出 $y(k)$ 沿着一条事先规定好的曲线逐渐达到给定值 r，这条指定的曲线称为参考轨迹 $y_r(k+i)$。通常参考轨迹采用从现在时刻对象实际输出值出发的一阶指数曲线。它在未来 i 个时刻的数值为：

$$y_r(k+i) = y(k) + [r - y(k)](1 - \alpha_r^i)$$

$$y_r(k) = y(k) \quad i = 1,2,\cdots \tag{2-54}$$

式中，r 为输入给定值；α_r^i 为平滑因子；t 为采样周期。

由于采用了参考轨迹，避免了过量的控制作用，使系统的输出能够平滑地到达给定值。从 $(1 - \alpha_r^i)$ 中还可以看出，参考轨迹的时间常数 r 越大，则 α 值就越大，系统的平滑度也就越好，鲁棒性也越强，但同时系统的快速性能却变差，这是一个矛盾的过程，需根据实际情况加以选择。参考轨迹曲线如图 2-16 所示。

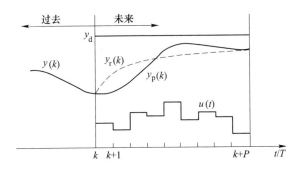

图 2-16 参数轨迹与最优化

　　将上述的四个部分按图 2-10 那样与对象连成整体，就构成了模型算法控制的预测控制系统。这种算法的基本思想可总结为：首先预测对象未来的输出状态，再以此来确定当前时刻的控制动作，即先预测再控制。由于它具有一定的预测性，使得它明显优于传统的先输出后反馈再控制的 PID 控制系统。

2.7.4.2　动态矩阵控制

　　动态矩阵控制是由 Cuher 于 1980 年提出的，它与模型算法控制的不同之处在于内部模型上。该算法是以工程上易于测取的对象阶跃响应作为模型。其算法较简单，计算量少且鲁棒性强。

　　动态矩阵控制所采用的内部模型为单位阶跃响应曲线，其关系式为：

$$\begin{cases} \hat{\alpha}_i = \sum_{j=1}^{i} g_i \\ \hat{\alpha}_i - \hat{\alpha}_{i-1} = \hat{g}_i \end{cases} \qquad i = 1,2,\cdots,N \tag{2-55}$$

其预测方程为：

$$\begin{aligned} y_m(k+1) &= \hat{\alpha}_1 u(k) + (\hat{\alpha}_2 - \hat{\alpha}_1)u(k-1) + \cdots + (\hat{\alpha}_N - \hat{\alpha}_{N-1})u(k-N+1) \\ &= \hat{\alpha}_1 \Delta u(k) + \hat{\alpha}_2 \Delta u(k-1) + \cdots + \hat{\alpha}_N \Delta u(k-N+1) + \hat{\alpha}_N \Delta u(k-N+2) \end{aligned}$$

$$\tag{2-56}$$

　　动态矩阵控制同样采用反馈校正，以提高系统的鲁棒性。其他部分与模型算法控制类似。

2.7.4.3　广义预测控制

　　广义预测控制是由 Clarke 于 1987 年提出来的，它主要是在前面所叙述的几种预测算法的基础上，引入了自适应控制的思想。一般的预测控制算法主要通过反馈来补偿系统误差，再加上滚动优化技术，使模型由于时变、干扰等造成的影响能及时得到补偿。但这种方法是相对的，如果内部模型的准确性很差，就仍然会对系统的稳定性造成严重的影响。广义预测控制就是面向此类问题的解决方案。

2.7.5　模糊控制

　　模糊逻辑控制（Fuzzy Logic Control）简称模糊控制（Fuzzy Control），是以模糊集合论、模糊语言变量和模糊逻辑推理为基础的一种计算机数字控制技术。模糊控制实质上是一种非线性控制，从属于智能控制的范畴。模糊控制的一大特点是既有系统化的理论，又有大量的实际应用背景。

2.7.5.1 模糊控制系统的基本结构

模糊控制系统方框图如图 2-17 所示。

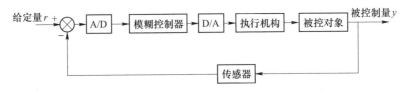

图 2-17 模糊控制系统框图

从对象中测得的被控变量 y，与给定值 r 进行比较后得到偏差 e 和偏差变化率 c，并将它们输入到模糊控制器中去，再由模糊控制器根据自身的控制规律推断出控制量，并作用于控制对象。模糊控制器之所以用偏差 e 和偏差变化率 c 作为输入，从物理概念看，正是考虑到既要根据偏差的量（正负及大小），又要根据偏差的变化速度（趋势）来确定应该采取的控制作用。由于模糊控制理论中采用模糊语言来描述变量，而对于实际的控制系统来说，其输入和输出量都是精确的数值信息。因此，首先必须通过模糊化，将精确的数值变为模糊语言描述形式，然后形成推理机制规则，最后将推理所得的模糊决策精确化为准确的控制值作用于被控对象。图 2-18 表示了模糊控制器的基本结构。

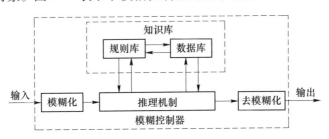

图 2-18 模糊控制器的基本结构

模糊控制中的各个模块说明如下：

（1）模糊化。这部分的作用是将给定值 r 与输出量的偏差 e 及其变化率 c 的精确量转换为模糊化量。首先对 e 和 c 进行尺度变换，使其变换到各自的论域范围，再进行模糊处理，使之成为模糊量 E、C 并表示为相应的模糊集合。

在模糊控制规则中是由语言变量构成其模糊输入空间的，每个语言变量的取值为一组模糊语言名称，由它们构成了语言名称的集合。在实际控制过程中，经常把一个物理量划分为 PL："正大"（Positive Large）；PM："正中"（Positive

Medium）；PS："正小"（Positive Small）；ZE："零"（Zero）；NS："负小"（Negative Small）；NM："负中"（Negative Medium）；NL："负大"（Negative Large）这7级，称为模糊分割，其中每个模糊语言名称即相应于一个模糊子集。然后再确定这些模糊子集的隶属度函数（Membership Function），便可进行模糊化了。

隶属度函数曲线的形状对控制性能的影响较大。当隶属度函数比较窄瘦时，控制较为灵敏，反之控制则较粗略和平稳。实际应用中一般都选择三角形或梯形，这样可以减少计算的工作量。当误差较小时，可以增加隶属度函数曲线的斜率，使得控制器在输入变化时能获得较大的灵敏性。若误差较大时，可相应减小隶属度函数曲线的斜率，使隶属度函数取得宽胖些。模糊分割及隶属度函数曲线图可参见图2-19。

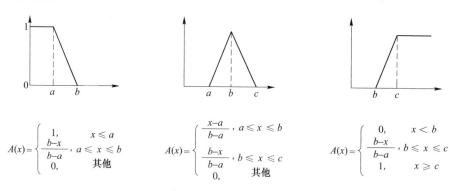

$$A(x)=\begin{cases}1, & x\leqslant a\\ \dfrac{b-x}{b-a}, & a\leqslant x\leqslant b\\ 0, & 其他\end{cases}\qquad A(x)=\begin{cases}\dfrac{x-a}{b-a}, & a\leqslant x\leqslant b\\ \dfrac{b-x}{b-a}, & b\leqslant x\leqslant c\\ 0, & 其他\end{cases}\qquad A(x)=\begin{cases}0, & x<b\\ \dfrac{b-x}{b-a}, & b\leqslant x\leqslant c\\ 1, & x\geqslant c\end{cases}$$

图 2-19　模糊分割及隶属度函数的图形

从隶属度函数的曲线图中可看出，不同隶属度函数的曲线都是相互交叉重叠的。正是因为有了这个相邻隶属度函数的重叠，才使得模糊控制器相对于参数变化具有了较强的鲁棒性。

隶属度函数的宽度与位置决定了对应模糊规则的影响范围，而模糊控制器的非线性性能又与隶属度函数的位置分布密切相关，不同的隶属度函数之间还须有一定的重叠，所以在设计语言变量的隶属度函数时需要对它的形状、个数、分布位置及和其他函数的重叠程度等因素加以考虑。

（2）知识库。知识库通常由数据库和模糊控制规则库组成。数据库中主要包括了各语言变量的隶属度函数、尺度变换因子以及模糊空间的分级数等。规则库则包含了用模糊语言变量表示的一系列控制规则，它们反映了专家的经验和知识。

（3）模糊规则推理。模糊规则推理是模糊控制器的核心，它具有模拟人的基于模糊概念的推理能力。模糊推理需要依据语言规则进行，因此在进行模糊推理之前需要先制定好语言控制规则，即规则库。模糊控制规则库主要由一系列的

"IF…THEN…" 型的模糊条件语句构成。规则库的建立可通过总结归纳专家或操作人员的经验，也可直接用语言的方法来描述被控对象的动态特性以获得模糊模型，从而建立相应的模糊控制规律。模糊条件语句的一般形式为：IF X is A and Y is B，THEN Z is C，其中 "X is A and Y is B" 称为前件部，是输入和状态，THEN 部分的 "Z is C" 称为后件部，是推理输出，A、B、C 是模糊集，在实际系统中用隶属度函数来表示。

有了模糊控制规则库，模糊控制器就可以依据这些规则实现控制了。模糊控制规则首先要满足完备性的要求，即对于任意的输入应确保它至少有一个可适用的规则。至于模糊控制规则的数量应该取多少尚无普遍适用的原则，但在满足完备性的前提下，应尽量取较少的规则数以简化模糊控制器的设计与实现。另外，模糊控制规则之间不能出现互相矛盾的情况，即要满足一致性。模糊控制推理的应用较为常用的有最大-最小推理法（Max-min Inference）。由于规则的质量对于控制品质的优劣起着关键的作用，所以对规则进行优化是十分必要的。优化方法之一是建立合适的规则数和正确的规则形式，而另一个重要的方法就是给每条规则赋上适当的置信因子（Credit Factor），它可以凭经验给出或依据关键模拟试验效果来确定。

（4）精确化。精确化是将模糊推理所得到的语言表述形式的模糊量变换为用于控制的精确数值。它首先将模糊的控制量经精确化变换为表示在论域范围的精确量，再经过尺度变换变为实际的控制量，也就是根据输出模糊子集的隶属度计算出确定的输出数据值。精确化的方法较多，其中最简单的一种方法是最大隶属度法，即选择隶属度函数值最大的那个作为系统的精确输出。而在控制技术中目前最常用的是加权平均法，其计算公式为：

$$u = \frac{\sum f(z_i)^* z_i}{\sum f(z_i)} \tag{2-57}$$

式中，$f(z_i)$ 为某个规则结论的隶属度值，若是连续变量则要用积分来表示。

选择精确化的方法，要注意考虑隶属度函数的形状及所采用的规则推理方式等因素。将以上四个方面综合起来，就可以得到如图 2-20 所示的模糊控制器的工作过程。

2.7.5.2 模糊控制的几种方法

（1）查表法。查表法是模糊控制最简单的，同时也是应用得最广泛的一种方法。所谓查表法就是将输入量的隶属度函数、模糊规则推理和输出量的精确化都通过查表的方式来实现。模糊化表、模糊规则推理表和精确化表都是离线产生

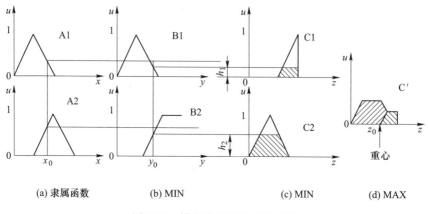

(a) 隶属函数　　　　(b) MIN　　　　　(c) MIN　　　　(d) MAX

图 2-20　模糊控制器的工作过程

的，为了进一步简化还可以通过离线计算将这三种表合并成一个模糊控制表。

（2）硬件模糊控制器。硬件模糊控制器是用硬件的方式来实现上述的模糊控制器的功能，如制成专用的模糊控制芯片。它具有速度快、控制精度高等优点，但其价格仍较为昂贵。

（3）软件模糊推理法就是将模糊化、模糊规则推理及精确化的过程用软件的方式来实现。

2.7.6　神经网络控制

神经元网络是一种基本上不依赖于模型的控制方法，它比较适用于具有不确定性或高度非线性的控制对象，并有较强的适应和学习功能，它属于智能控制的范畴[56]。

2.7.6.1　神经元模型

神经元网络是利用物理器件来模拟生物神经网络的某些结构和机能。人工神经元模型如图 2-21 所示。

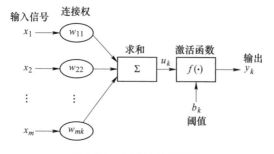

图 2-21　人工神经元模型

神经元模型的输入输出关系:

$$S_i = \sum_{i=1}^{n} \omega_{ji} x_i - \theta_j = \sum_{i=0}^{n} \omega_{ji} x_i (x_0 = \theta_i, \omega_{j0} = -1) \qquad (2\text{-}58)$$

式中,θ 为阈值;ω 为权系数。

2.7.6.2 神经网络

神经网络是一个并行和分布式的信息处理网络结构,该网络结构一般由许多个神经元组成,每个神经元有一个单一的输出,它可以连接到很多其他的神经元,输入有多个连接通路,每个连接通路对应一个连接权系数。神经网络中每个节点都有一个状态变量 x,从节点 i 到节点 j,有一个连接权系数 ω_{ji},每个节点都有一个阈值 θ_j 和一个变换函数 $\sum_{i=1}^{n} \omega_{ji} x_i$。图 2-22 表示典型的神经网络结构。

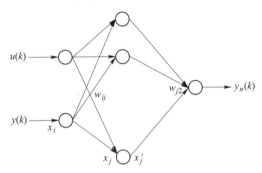

图 2-22 典型神经网络结构

神经网络控制近年来得到广泛应用,其优越性表现在:(1)神经网络可以处理那些难以用模型或规则描述的过程或系统;(2)神经网络采用并行分布信息处理,具有很强的容错性;(3)神经网络是本质非线性系统,可实现任意非线性映射;(4)神经网络具有很强的信息综合能力,能同时处理大量不同类型的输入,并能很好解决输入信息之间的互补性和冗余性问题;(5)硬件实现方便。神经网络控制的研究领域大致分为:(1)基于神经网络的系统辨识。将神经网络作为被辨识系统的模型,可在已知常规模型结构的情况下,估计模型的参数;利用神经网络的线性、非线性特性,可建立线性、非线性系统的静态、动态、逆动态及预测模型,实现非线性系统的建模和辨识。(2)神经网络控制器。神经网络作为实时控制系统的控制器,对不确定系统及扰动进行有效的控制,使控制系统达到所要求的动态、静态特性。(3)神经网络与其他算法相结合。将神经网络与专家系统、模糊逻辑、遗传算法等相结合,可设计新型智能控制系统。

反向传播网络和径向基函数网络是两种比较常用的神经网络。

（1）反向传播网络。反向传播网络由若干层构成，其中包括输入层、隐含层（可有多个）和输出层。它的输入、输出量是在 0 到 1 之间变化的连续量，可以实现从输入到输出的任意非线性映射。由于连接权的调整采用误差修正反向传播（Back Propagation）的学习算法，所以该网络称为 BP 网络。误差修正反向传播学习算法也称为监督学习，它需要搜集一批正确的输入输出数据对（训练样本），在将输入数据加载到网络输入端后，把神经网络的实际响应输出与期望的正确输出相比较得到偏差，接着根据偏差的情况修改各连接权的值，以使网络朝着正确响应的方向不断变化下去，直到实际响应的输出与期望的输出之间的偏差落在允许范围之内。

BP 网络能够实现输入输出的非线性映射关系且不依赖于模型，其输入与输出的关联信息存储于连接权中，由于连接权的个数很多，个别神经元的损坏只对输入输出关系有较小的影响，因此 BP 网络具有较好的容错性。对于控制方面的应用，BP 网络具有良好的逼近特性和泛化能力。

（2）径向基函数网络。径向基函数网络结构如图 2-23 所示。它在结构上很像 BP 网络，但是它只有相当于隐层的一层，而且节点的激发函数是径向基函数 $G(\|I - I_i\|)$，其中，I_i 是该径向基函数的中心。在各种径向基函数中，高斯函数用得较多。

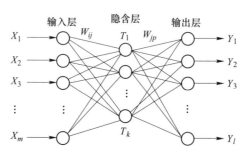

图 2-23　径向基函数网络结构

网络的学习等价于在多维空间中寻找训练数据的最佳拟合平面，隐层的每一个神经元的传递函数都要构成拟合平面的一个基函数。径向基函数网络是一种局部逼近网络，对输入空间的某一个局部区域，只存在少数神经元用于决定网络的输出。

径向基函数网络的输出是：

$$y = \sum_{i=0}^{N} \omega_i g_{\sigma i}(\|I - I_i\|), \quad I = [i_1, i_2, \cdots, i_N] \tag{2-59}$$

与 BP 网络相比，RBF 比 BP 网络规模大，但学习速度快，函数逼近、模式识别和分类能力都要优于 BP 网络。

2.7.6.3 神经网络在控制中的应用

由于神经网络所具有的强大的非线性逼近能力以及并行处理工作方式等优异特征，决定了它在控制系统中应用的广泛性和灵活性。它在自动化控制中的应用主要有以下几个方面：

（1）在基于精确模型的各种控制结构中充当对象的模型。像内模控制、模型参考自适应控制和预测控制等都是基于模型的控制。它们在处理线性系统时，都能获得满意的效果，但一旦遇到非线性过程，设计就比较困难了。而利用神经网络来作为模型，便可以解决问题。

（2）故障检测和诊断。神经网络可被用作故障检测和诊断的工具。不同的故障情况，会产生不同的现象。将反映工况的变量作为网络输入，并通过网络的训练，使网络的各个输出节点反映某种故障存在与否，例如各节点输出都接近于零，表示不存在故障，若第 i 个节点的输出接近 1，表明存在故障。

（3）在反馈控制系统中直接充当控制器作用。

（4）在传统控制系统中起优化计算作用。

神经网络控制目前的研究重点仍在以下几方面：（1）神经网络的稳定性与收敛性问题；（2）神经网络控制系统的稳定性与收敛性问题；（3）神经网络学习算法的实时性；（4）神经网络控制器和辨识器的模型和结构。

2.7.7 非线性增益补偿

系统中的非线性因素，主要存在于两个部分。一部分是用以实现控制的仪表或执行机构中所包含的非线性，另一部分是存在于对象本身。

对象静态非线性特性的补偿。补偿原理就是设法使系统中某一环节具有与对象增益相反的非线性特性，使之与原来非线性特性相补偿，最后使系统的开环增益保持不变，校正成为一个线性系统。

采用阀门特性，以换热器为例，换热器的热平衡方程式可以写成：

$$DH_s = Qc_p(\theta_2 - \theta_1) \tag{2-60}$$

式中，D 为蒸汽的质量流量；H_s 为蒸汽的汽化潜热；Q 为被加热介质流量；c_p 为被加热介质的定压比热容；θ_1、θ_2 为被加热介质的进出口温度。

换热器的增益就是被调量 θ_2 对蒸汽流量的导数：

$$K_P = \frac{\mathrm{d}\theta_2}{\mathrm{d}D} = \frac{H_s}{Qc_p} \tag{2-61}$$

阀门增益K_V, 对于具有等百分比特性的阀门, 其增益为:

$$K_V = \frac{\mathrm{d}Q}{\mathrm{d}L} = \ln R \frac{Q}{L_{\max}} \tag{2-62}$$

系统的开环增益K为:

$$K = K_C K_V K_P = K_C \left(\ln R \frac{D}{L_{\max}} \right) \frac{H_s}{Q c_p} \tag{2-63}$$

而D与Q的静态关系为:

$$Q = \frac{H_s}{(\theta_r - \theta_1) c_p} D \tag{2-64}$$

K与负荷D无关的结论, 从而补偿了对象的非线性特性。其中开环增益K为:

$$K = \frac{K_C \ln R}{L_{\max}} (\theta_r - \theta_1) \tag{2-65}$$

　　利用函数变换器、各种运算单元函数变换器和各种运算单元, 经过计算、调整和组合可以实现各种复杂形状的曲线, 因而能够较精确地进行补偿。

2.7.8　解耦控制

2.7.8.1　相对增益

　　相对增益是一个尺度, 用来衡量一个预先选定的调节量μ_j对一个特定的被调节量y_i的影响。对于一个多变量系统, 设开环增益矩阵为$\boldsymbol{P}$, 则:

$$y = \boldsymbol{P}\mu \tag{2-66}$$

其中, 矩阵$\boldsymbol{P}$的元素p_{ij}的静态值称为μ_j到y_i通道的第一放大系数。它是指调节量μ_j改变了一个$\Delta\mu$时, 其他调节量$\mu_r (r \neq j)$均不变的情况下, μ_j与y_i之间通道的开环增益。可表示为:

$$p_{ij} = \frac{\partial y_i}{\partial \mu_j} \Big|_{\mu_r} \tag{2-67}$$

　　让其他回路均闭合, 即保持其他被调量不变的情况下, 找出各通道的开环增益, 记作矩阵$\boldsymbol{Q}$。它的元素q_{ij}的静态值称为μ_j到y_i通道的第二放大系数。

$$q_{ij} = \frac{\partial y_i}{\partial \mu_j} \Big|_{y_r} \tag{2-68}$$

元素 λ_{ij} 可以写作：

$$\lambda_{ij} = \frac{p_{ij}}{q_{ij}} = \frac{\dfrac{\partial y_i}{\partial \mu_j}\Big|_{\mu_r}}{\dfrac{\partial y_i}{\partial \mu_j}\Big|_{y_r}} \tag{2-69}$$

上式即为 μ_j 到 y_i 这个通道的相对增益，矩阵 Λ 则称为相对增益矩阵。

若在上述两种情况下，开环增益无变化，即相对增益 $\lambda_{ij} = 1$，这就表明由 y_i 和 μ_j 组成的控制回路与其他回路之间没有关联。如果当其他调节量都保持不变时，y_i 不受 μ_j 的影响，那么 λ_{ij} 为零，因而就不能用 μ_j 来控制 y_i。如果存在某种关联，则 μ_j 的改变将不但影响 y_i，而且还影响其他被调量 $y_r(r \neq i)$。以致 λ_{ij} 既不是零，也不是 1。当式（2-69）中分母趋于零，则其他闭合回路的存在使得 y_i 不受 μ_j 的影响，此时 λ_{ij} 趋于无穷大。

2.7.8.2　解耦控制系统的设计

在关联非常严重的情况下，即使采用最好的回路匹配也得不到满意的控制效果。解耦的本质在于设置一个计算网络，用它去抵消过程中的关联，以保证各个单回路控制系统能独立地工作。

A　前馈补偿法

前馈补偿是自动控制中最早出现的一种克服干扰的方法。图 2-24 所示为应用前馈补偿器来解除系统间耦合的方法。

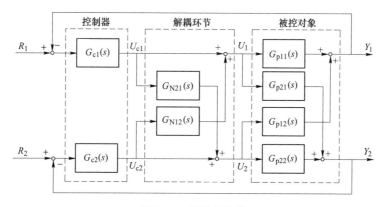

图 2-24　前馈补偿器

假定从 u_1 到 u_{c_2} 通路中的补偿器为 D_{21}，从 u_2 到 u_{c_1} 通路中的补偿器为 D_{12}，利用补偿原理得到：

$$\begin{cases} K_{21}g_{21} + D_{21}K_{22}g_{22} = 0 \\ K_{12}g_{12} + D_{12}K_{11}g_{11} = 0 \end{cases} \tag{2-70}$$

由上两式分别解出补偿器的数字模型：

$$D_{21} = -\frac{K_{21}g_{21}}{K_{22}g_{22}} \tag{2-71}$$

$$D_{12} = -\frac{K_{12}g_{12}}{k_{11}g_{11}} \tag{2-72}$$

B　对角矩阵法

双变量控制系统如图 2-24 所示。系统的传递矩阵 $\boldsymbol{G}_s$、被调量 y_i 和调节量 u_i 之间的关系矩阵为：

$$\begin{bmatrix} Y_1(s) \\ Y_2(s) \end{bmatrix} = \begin{bmatrix} G_{11}(s) & G_{12}(s) \\ G_{21}(s) & G_{22}(s) \end{bmatrix} \begin{bmatrix} U_1(s) \\ U_2(s) \end{bmatrix} \tag{2-73}$$

调节量 $U_i(s)$ 与调节器输出 $U_{ci}(s)$ 之间的矩阵为：

$$\begin{bmatrix} U_1(s) \\ U_2(s) \end{bmatrix} = \begin{bmatrix} D_{11}(s) & D_{12}(s) \\ D_{21}(s) & D_{22}(s) \end{bmatrix} \begin{bmatrix} U_{c1}(s) \\ U_{c2}(s) \end{bmatrix} \tag{2-74}$$

将式（2-74）代入式（2-73）得到系统传递矩阵为：

$$\begin{bmatrix} Y_1(s) \\ Y_2(s) \end{bmatrix} = \begin{bmatrix} G_{11}(s) & G_{12}(s) \\ G_{21}(s) & G_{22}(s) \end{bmatrix} \begin{bmatrix} D_{11}(s) & D_{12}(s) \\ D_{21}(s) & D_{22}(s) \end{bmatrix} \begin{bmatrix} U_{c1}(s) \\ U_{c2}(s) \end{bmatrix} \tag{2-75}$$

对角矩阵综合法即要使系统传递矩阵成为如下形式：

$$\begin{bmatrix} Y_1(s) \\ Y_2(s) \end{bmatrix} = \begin{bmatrix} G_{11}(s) & 0 \\ 0 & G_{22}(s) \end{bmatrix} \begin{bmatrix} U_{c1}(s) \\ U_{c2}(s) \end{bmatrix} \tag{2-76}$$

C　单位矩阵法

应用单位矩阵综合法求取解耦器的数学模型将使系统传递矩阵式（2-75）变换成为如下形式：

$$\begin{bmatrix} Y_1(s) \\ Y_2(s) \end{bmatrix} = \begin{bmatrix} 1 & 0 \\ 0 & 1 \end{bmatrix} \begin{bmatrix} U_{c1}(s) \\ U_{c2}(s) \end{bmatrix} \tag{2-77}$$

即：

$$\begin{bmatrix} G_{11}(s) & G_{12}(s) \\ G_{21}(s) & G_{22}(s) \end{bmatrix} \begin{bmatrix} D_{11}(s) & D_{12}(s) \\ D_{21}(s) & D_{22}(s) \end{bmatrix} = \begin{bmatrix} 1 & 0 \\ 0 & 1 \end{bmatrix} \tag{2-78}$$

经过矩阵运算可以得到解耦器数学模型为:

$$\begin{bmatrix} D_{11}(s) & D_{12}(s) \\ D_{21}(s) & D_{22}(s) \end{bmatrix} = \begin{bmatrix} G_{11}(s) & G_{12}(s) \\ G_{21}(s) & G_{22}(s) \end{bmatrix}^{-1}$$

$$= \frac{1}{G_{11}(s)G_{22}(s) - G_{12}(s)G_{21}(s)} \begin{bmatrix} G_{22}(s) & -G_{12}(s) \\ -G_{21}(s) & G_{11}(s) \end{bmatrix}$$

$$= \frac{1}{K_{11}g_{11}K_{22}g_{22} - K_{12}g_{12}K_{21}g_{21}} \begin{bmatrix} K_{22}g_{22} & -K_{12}g_{12} \\ -K_{21}g_{21} & K_{11}g_{11} \end{bmatrix} \tag{2-79}$$

2.7.8.3 广义解耦控制算式

广义解耦控制系统如图 2-25 所示。图中 F 表示解耦算式。

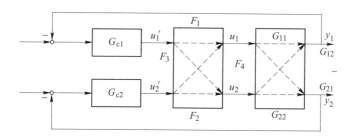

图 2-25 解耦控制系统方块图

解耦条件即各控制回路相互独立的条件是系统的闭环传递矩阵必须是一个对角线矩阵:

$$\boldsymbol{G}_0(s) = \begin{pmatrix} G_{11}(s) & \cdots & 0 \\ \vdots & G_{22}(s) & \vdots \\ 0 & \cdots & G_{nn}(s) \end{pmatrix} \quad \text{或表示为 } \mathrm{diag}[\,G_{11}(s)\,G_{22}(s)\cdots G_{nn}(s)\,]$$

$$\tag{2-80}$$

为了使 $\boldsymbol{G}_0(s)$ 是一个对角线矩阵,解耦控制的设计任务就是由已知的 $G_p(s)$,综合 $F(s)$,以满足乘积 $G_p(s)F(s)$ 为一个对角矩阵。

显然图 2-25 所示系统的解耦条件为：

$$\begin{bmatrix} G_{11} & G_{12} \\ G_{21} & G_{22} \end{bmatrix} \begin{bmatrix} F_1 & F_4 \\ F_3 & F_2 \end{bmatrix} = \begin{bmatrix} G_{11} & 0 \\ 0 & G_{22} \end{bmatrix} \tag{2-81}$$

故系统的解耦矩阵为：

$$\begin{bmatrix} F_1 & F_4 \\ F_3 & F_2 \end{bmatrix} = \begin{bmatrix} G_{11} & G_{12} \\ G_{21} & G_{22} \end{bmatrix}^{-1} \begin{bmatrix} G_{11} & 0 \\ 0 & G_{22} \end{bmatrix} = \frac{\begin{bmatrix} G_{22} & -G_{12} \\ -G_{21} & G_{11} \end{bmatrix} \begin{bmatrix} G_{11} & 0 \\ 0 & G_{22} \end{bmatrix}}{G_{11}G_{22} - G_{21}G_{12}} \tag{2-82}$$

2.7.8.4　解耦控制实施中的问题

虽然从理论上看确定解耦控制器的函数似乎十分容易，但实际上不少综合得到的解耦器也具有运行问题及稳定性问题。在设计综合解耦器时，需要考虑到过程模型误差带来的影响。因为实际的过程往往是非线性和时变的，而如果解耦器是线性和定常的，那么必将带来不稳定因素。对于非线性的过程，则要设计非线性的解耦器。另一种避免解耦系统不稳定的方法是采用部分解耦。

2.7.9　时滞补偿控制

实际生产中的某些过程在输入量改变后，输出量并不立即改变，而是要经过一段时间后才反映出来。而所谓时间滞后就是指在输入量变化后，系统输出响应滞后的这段时间。当系统中附加了时滞之后，会使广义对象可控程度指标明显下降。若过程的滞后时间与主导时间常数之比超过 0.5 时，便可称之为具有大时滞的系统。对于这种过程若采用常规的 PID 控制方式，为了维持系统的稳定性，就必须将控制整定得很弱，导致在很多场合得不到满意的控制效果。由于在冶金工业生产中具有时滞特性的过程很多，需要研究可以补偿时滞的新型控制方法。

2.7.9.1　补偿原理

史密斯预估补偿方法的特点是预先估计出过程在基本扰动下的动态特点，然后由预估器进行补偿，力图使被迟延了 τ 的被调量超前反映到调节器，使调节器提前作用，从而明显地减小超调量和加速调节过程。

图 2-26 中 $K_p g_p(s)$ 是对象除去纯迟延环节 $e^{-\tau_d s}$ 后的传递函数，$K_s g_s(s)$ 是史密斯预估补偿器的传递函数。假若系统中无此补偿器，则由调节器输出 $U(s)$ 到

被调量 $Y(s)$ 之间的传递函数为:

$$\frac{Y(s)}{U(s)} = K_P g_P(s) e^{-\tau_d s} \tag{2-83}$$

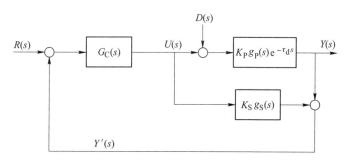

图 2-26 史密斯预估补偿控制系统图

若系统采用预估补偿器,则:

$$\frac{Y'(s)}{U(s)} = K_P g_P(s) e^{-\tau_d s} + K_S g_S(s) \tag{2-84}$$

为使调节器采集的信号 $Y'(s)$ 不至迟延 τ_d,要求式(2-84)为:

$$\frac{Y'(s)}{U(s)} = K_P g_P(s) e^{-\tau_d s} + K_S g_S(s) = K_P g_P(s) \tag{2-85}$$

从上式可得到预估补偿器的传递函数:

$$K_S g_S(s) = K_P g_P(s)(1 - e^{-\tau_d s}) \tag{2-86}$$

一般称式(2-86)表示的预估器为史密斯预估器。

从图 2-26 可以推导出系统的闭环传递函数为:

$$\frac{Y(s)}{R(s)} = \frac{\dfrac{K_P G_C(s) g_P(s) e^{-\tau_d s}}{1 + K_P G_C(s) g_P(s)(1 - e^{-\tau_d s})}}{1 + \dfrac{K_P G_C(s) g_P(s) e^{-\tau_d s}}{1 + K_P G_C(s) g_P(s)(1 - e^{-\tau_d s})}} = \frac{K_P G_C(s) g_P(s) e^{-\tau_d s}}{1 + K_P G_C(s) g_P(s)} \tag{2-87}$$

在系统的特征方程中,这个系统已经消除了纯滞后对系统控制品质的影响。应当指出,无论是模型的精度或者运行条件的变化都将影响控制效果。

例如,对 PID 控制系统和带有史密斯预估器的控制系统进行数字仿真。设系统中对象的传递函数为:

$$G_P(s) = \frac{K_P e^{-\tau_d s}}{(T_P s + 1)^2} = \frac{1 e^{-20s}}{(10s + 1)^2} \qquad (2\text{-}88)$$

史密斯预估器的传递函数为:

$$K_S G_S(s) = \frac{K_m}{(T_m s + 1)^2}(1 - e^{-\tau_m s}) = \frac{1}{(10s + 1)^2}(1 - e^{-20s}) \qquad (2\text{-}89)$$

可见, 上式是易于实现的。

2.7.9.2　史密斯预估补偿控制

A　实现完全抗干扰的史密斯补偿器

如果在史密斯补偿回路中增加一个反馈环节 $G_f(s)$ 如图 2-27 所示, 则系统可以达到完全抗干扰的目的。由图可以写出被调量 $Y(s)$ 对干扰 $D(s)$ 的闭环传递函数为:

$$\frac{Y(s)}{D(s)} = \frac{K_P g_P(s) e^{-\tau_d s}}{1 + \dfrac{K_P g_P(s) G_C(s) e^{-\tau_d s}}{1 + K_P g_P(s) G_f(s) + K_P g_P(s) G_C(s)(1 - e^{-\tau_d s})}}$$

$$= \frac{[1 + K_P g_P(s) G_f(s) + K_P g_P(s) G_C(s)(1 - e^{-\tau_d s})] K_P g_P(s) e^{-\tau_d s}}{1 + K_P g_P(s) G_f(s) + K_P g_P(s) G_C(s)} \qquad (2\text{-}90)$$

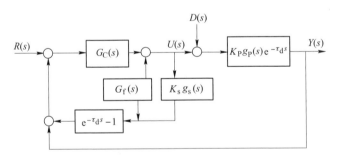

图 2-27　完全抗干扰的史密斯补偿器

若要系统完全不受干扰 $D(s)$ 的影响, 则只要上式中分子为零, 即:

$$1 + K_P g_P(s) G_f(s) + K_P g_P(s) G_C(s)(1 - e^{-\tau_d s}) = 0 \qquad (2\text{-}91)$$

由此可以得到新反馈环节 $G_f(s)$ 为:

$$G_f(s) = -\frac{1 + K_P g_P(s) G_C(s)(1 - e^{-\tau_d s})}{K_P g_P(s)} \tag{2-92}$$

被调量 $Y(s)$ 对设定值 $R(s)$ 的闭环传递函数：

$$\frac{Y(s)}{R(s)} = \frac{K_P g_P(s) G_C(s) e^{-\tau_d s}}{1 + K_P g_P(s) G_f(s) + K_P g_P(s) G_C(s)} \tag{2-93}$$

将式（2-92）代入式（2-93）后可以得到：

$$\frac{Y(s)}{R(s)} = \frac{K_P g_P(s) G_C(s) e^{-\tau_d s}}{K_P g_P(s) G_C(s) e^{-\tau_d s}} = 1 \tag{2-94}$$

B 增益自适应补偿方案

史密斯估计器虽然对大时滞过程仍能提供很好的控制质量，但它仍有不足之处。其控制质量对于模型误差十分的敏感，所以一旦过程具有较为严重的非线性或时变增益的性质，史密斯补偿将有可能导致系统的稳定性变得很差，于是又提出了一种改进算法。

改进算法又称为增益自适应时滞补偿法，它能有效地把控制对象和模型之间的所有差别都看作增益的误差来处理，并能利用控制对象和模型输出信号比较来对模型增益做适当的修正，结构图如图 2-28 所示。

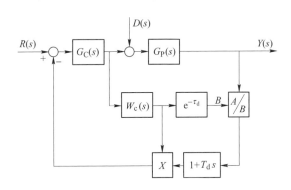

图 2-28 增益自适应补偿方案

模拟对象的传递函数是：

$$G_P(s) = \frac{K_P e^{-\tau_d s}}{(T_1 s + 1)(T_2 + 1)} \tag{2-95}$$

采用改进算法的系统结构图与史密斯预估器相似，只是系统的输出减去模型输出的运算，被系统的输出除以模型的输出的运算所代替，而对预估器输出做修正的加法运算改成了乘法运算。除法器还串联了一个超前补偿环节,其超前时间常数等于时滞时间。它用来使滞后了的输出值有一个超前作用。上述运算综合的结果是使预估器的增益根据模型和系统的输出的比值有相应的校正值。由控制仿真表明,改进后的史密斯预估算法的过程响应一般都比普通的史密斯预估器要更好些,尤其是对于那些模型不准确的情况。

2.8　小结

随着生产技术的进步、市场的变化、环保政策的变化,过程系统工程行业需要不断地进行调整以保持竞争力和经济效益。这就要求研究各种不确定性的所有影响,并设计最优的控制决策。不确定性条件下的优化对于过程系统工程设计、控制及实现越来越重要。在系统层面上,大多数内部或外部的影响本质上是不确定的。不确定性可以是随机变量,也可以是给定有界集的不确定变量。不确定性动态过程最优控制策略要确保稳健的最佳系统性能和操作可行性。目前,这些问题都可以在模型预测控制框架中进行研究。在非线性控制领域,约束条件概率建模及优化还有很多工作要做。

参 考 文 献

[1] Li Z K, Ierapetritou M. Process scheduling under uncertainty: Review and challenges [J]. Computers & Chemical Engineering, 2008, 32 (4): 715-727.

[2] Dias L S, Ierapetritou M G. Integration of scheduling and control under uncertainties: Review and challenges [J]. Chemical Engineering Research & Design, 2016, 116: 98-113.

[3] Sahinidis N V. Optimization under uncertainty: state-of-the-art and opportunities [J]. Computers & Chemical Engineering, 2004, 28 (6): 971-983.

[4] Schuëller G I, Jensen H A. Computational methods in optimization considering uncertainties-an overview [J]. Computer Methods in Applied Mechanics & Engineering, 2008, 198 (1): 2-13.

[5] Grossmann I E, Apap R M, Calfa B A, et al. Recent advances in mathematical programming techniques for the optimization of process systems under uncertainty [J]. Computer Aided Chemical Engineering, 2015, 37 (1): 1-14.

[6] Chen Y, Yuan Z H, Chen B Z. Process optimization with consideration of uncertainties-an Overview [J]. Chinese Journal of Chemical Engineering, 2018, 26 (7): 1700-1706.

[7] Pistikopoulos E N. Uncertainty in process design and operations [J]. Computers & Chemical Engineering, 1995, 19 (1): 553-563.

[8] Zhang L, Li C L, Li D. The expected income model of urban sewage treatment with penalty

mechanism under uncertainty theory [J]. China Environmental Science, 2018, 38 (7): 2794-2800.

[9] Wang M C, Ling G, Liu X, et al. Parallel scheduling random expectation model considering outsourcing [J]. Journal of Systems Engineering, 2011, 26 (1): 91-97.

[10] Ai X, Zhou S P, Chen Z Q, et al. Research on power system optimal scheduling model and solution method with interruptible load under multiple random factors [J]. Journal of China Electrical Engineering, 2017, 37 (08): 64-75.

[11] Dubois D, Prade H. Possibility theory [M]. Springer US, Encyclopedia of Complexity and Systems Science, 2009.

[12] Arellano-Garcia H, Barz T, Wozny G. Process optimization and control under uncertainty: a chance constrained programming approach [J]. IFAC Proceedings Volumes, 2006, 39 (2): 259-264.

[13] Burke J V, Han S P. A robust sequential quadratic programming method [J]. Mathematical Programming, 1989, 43 (1-3): 277-303.

[14] Ben-Tal A, Nemirovski A, Roos C. Robust solutions of uncertain quadratic and conic-quadratic problems [J]. Siam Journal on Optimization, 2013, 13 (2): 535-560.

[15] Ben-Tal A, Ghaoui E, Nemirovski A. Robust Optimization [M]. America: Princeton University Press Princeton, 2009.

[16] Todd M J. Semidefinite optimization [J]. Acta Numerica, 2001, 10 (4): 515-560.

[17] Ben A, Laurent T, Ghaoui E, et al. Robust semidefinite programming [J]. Handbook on Semidefinite Programming Kluwer Academis Publishers, 1998: 139-162.

[18] Ben-Tal A, Nemirovski A. Robust truss topology design via semidefinite programming [M]. USA, PA, Philadelphia, Society for Industrial and Applied Mathematics, 1997, 7 (4): 991-1016.

[19] Ben-Tal A, Nemirovski A. Robust optimization-methodology and applications [J]. Mathematical Programming, 2002, 92 (3): 453-480.

[20] Ben-Tal A, Golany B, Nemirovski A, et al. Supplierretailer flexible commitments contracts: a robust optimization approach [J]. Manufacturing & Service Operations Management, 2011, 7 (3): 248-271.

[21] Ben-Tal, A, Hertog D D, Waegenaere A D, et al. Robust solutions of optimization problems affected by uncertain probabilities [J]. Management Science, 2013, 59 (2): 341-357.

[22] Ghaoui L E. Robust solution to least squares problems with uncertain data [C]. International Workshop on Recent Advances in Total Least Squares Techniques and Errors-In-Variables Modeling. Society for Industrial and Applied Mathematics, 1997: 161-170.

[23] Ghaoui L E, Oks M, Oustry F. Worst-case value-at-risk and robust portfolio optimization: a conic programming approach [J]. Operations Research, 2003, 51 (4): 543-556.

[24] Lagos G, Espinoza D, Moreno E, et al. Restricted risk measures and robust optimization [J]. European Journal of Operational Research, 2015, 241: 771-782.

[25] Bertsimas D, Thiele A. A robust optimization approach to supply chain management [M]. Berlin Heidelberg, Springer, Integer Programming and Combinatorial Optimization, 2004: 86-100.

[26] Bertsimas D, Iancu D A, Parrilo P A. Optimality of affine policies in multistage robust optimization [J]. Mathematics of Operations Research, 2010, 35 (2): 363-394.

[27] Bertsimas D, Nohadani O. Robust optimization with simulate dannealing [J]. Journal of Global Optimization, 2010, 48 (2): 323-334.

[28] Bertsimas D, Doan X V. Robust and data-driven approaches to callcenters [J]. European Journal of Operational Research, 2010, 207 (2): 1072-1085.

[29] Liao Z Q, Li T F, Chen P, et al. A multi-objective robust optimization scheme for reducing optimization performance deterioration caused by fluctuation of decision parameters in chemical processes [J]. Computers & Chemical Engineering, 2018, 119: 1-12.

[30] Cerrillo-Briones, Ilse M, Ricardez-Sandoval, et al. Robust optimization of a post-combustion CO_2 capture absorber column under process uncertainty [J]. Chemical Engineering Research and Design, 2019, 2: 50-55.

[31] Lappas N H, Gounaris C E. Robust optimization for decision-making under endogenous uncertainty [J]. Computers & Chemical Engineering, 2018, 111: 252-266.

[32] Liu B D. Dependent-chance programming in fuzzy environments [J]. Fuzzy Sets & Systems, 2000, 109 (1): 97-106.

[33] Liu B D. Fuzzy random dependent-chance programming [J]. IEEE Transactions on Fuzzy Systems, 2002, 9 (5): 721-726.

[34] Xue H, Li X, Ma H X. Fuzzy dependent-chance programming using ant colony optimization algorithm and its convergence [J]. Acta Automatica Sinica, 2009, 35 (7): 959-964.

[35] Gao J, Zhao J, Ji X. Fuzzy chance-constrained programming for capital budgeting problem with fuzzy decisions [J]. Lecture Notes in Computer Science, 2005, 36 (13): 304-311.

[36] Xu B, Fang W G, Shi R F, et al. Three-objective fuzzy chance-constrained programming model for multiproject and multi-item investment combination [J]. Information Sciences, 2009, 179 (5): 623-641.

[37] Cao M, Huang G, Sun Y, et al. Cao M F, Huang G H, Sun Y, Xu Y, Yao Y. Dual inexact fuzzy chance-constrained programming for planning waste management systems [J]. Stochastic Environmental Research & Risk Assessment, 2010, 24 (8): 1163-1174.

[38] Liu J, Zhao S Q. Optimal control of energy storage based on fuzzy dependent-chance programming [J]. Applied Mechanics & Materials, 2014, 531 (6): 1003-1006.

[39] Zhou M. An interval fuzzy chance-constrained programming model for sustainable urban land-use planning and land use policy analysis [J]. Land Use Policy, 2015, 42 (42): 479-491.

[40] Ma X, Ma C, Wan Z, et al. A fuzzy chance-constrained programming model with type 1 and type 2 fuzzy sets for solid waste management under uncertainty [J]. Engineering Optimization, 2016, 49 (6): 1040-1056.

[41] Cheng H C, Li Y P, Sun J. Interval Double-sided fuzzy chance-constrained programming model for water resources allocation [J]. Environmental Engineering Science, 2017, 35: 2-5.

[42] Chen F, Huang G H, Fan Y R, et al. A copula-based fuzzy chance-constrained programming model and its application to electric power generation systems planning [J]. Applied Energy, 2017, 187: 291-309.

[43] Suo C, Li Y P, Wang C X, et al. A type-2 fuzzy chance-constrained programming method for planning Shanghai's energy system [J]. International Journal of Electrical Power & Energy Systems, 2017, 90: 37-53.

[44] Soyster A L. Convex programming with set-inclusive constraints and applications to inexact linear programming [J]. Operations Research, 1973, 21 (5): 1154-1157.

[45] Liu B D. Stochastic chance-constrained programming [J]. Studies in Fuzziness & Soft Computing, 2002, 102: 77-113.

[46] Wang J, Wen F Z, Yang R G. Optimal maintenance strategy for generation companies based on chance constrained programming [J]. Automation of Electric Power Systems, 2004, 28 (19): 27-31.

[47] Wang L, Yu C W, Wen F S. A Chance-constrained programming approach to determine requirement of optimal spinning reserve capacity [J]. Power System Technology, 2006, 30 (20): 14-19.

[48] Li Y G, Shen Y, Liu X W. Bidding strategy for power generation companies based on chance constrained programming [J]. Journal of China Electrical Engineering, 2006, 26 (10): 120-123.

[49] Xie Y L, Li Y P, Huang G H, et al. An inexact chance-constrained programming model for water quality management in Binhai New Area of Tianjin, China [J]. Science of the Total Environment, 2011, 409 (10): 1757-1773.

[50] Tan Q, Huang G H, Cai Y P. Radial interval chance-constrained programming for agricultural non-point source water pollution control under uncertainty [J]. Agricultural Water Management, 2011, 98 (10): 1595-1606.

[51] Wang T S, Meng Q, Wang S A, et al. Risk management in liner ship fleet deployment: A joint chance constrained programming model [J]. Transportation Research Part E Logistics & Transportation Review, 2013, 60 (4): 1-12.

[52] Guo H Y, Shi H H, Wang X S. Dependent-chance goal programming for water resources management under uncertainty [J]. Scientific Programming, 2016 (9): 1-7.

[53] Qiao J Z, Xu F, Lu Z X, et al. Optimization of wind power grid-connected capacity based on

dependent chance programming [J]. Automation of Electric Power Systems, 2008, 32 (10):
84-87.

[54] 张维存. 参数不确定离散随机系统的加权多模型自适应控制 [J]. 自动化学报, 2015,
41 (3): 541-550.

[55] 曹叙风, 王昕, 王振雷. 基于切换机制的多模型自适应混合控制 [J]. 自动化学报,
2017, 43 (1): 94-100.

[56] Wu Y, Zhou J, Yang J. Dependent-chance programming model for stochastic network bottleneck
capacity expansion based on neural network and genetic algorithm [C]. International Conference
on Advances in Natural Computation, 2005: 120-128.

3 有色轻金属生产过程机会约束规划

讨论基于机会约束规划的动态优化算法，利用重要性采样和回归拟合构建机会约束的描述；基于多目标优化机制，寻求不确定动态行为影响系统优化经济指标的关键函数，建立机会约束优化算法，研究机会约束优化算法的求解。

3.1 引言

轻金属主要包括铝、镁、钛等。铝材料最大的用途是在运输和建筑业。镁材料主要应用于汽车、飞机、船舶、无人机、医用材料方面。钛合金常应用于航空、航天、医疗领域和工业生产方面。

我国轻金属产量位居世界前列，但是冶金工业能源原材料消耗高、浪费大，资源利用率低，为使经济发展可持续，国家提出提升冶金方面的科技创新能力目标，力争在铝、镁等有色轻金属冶炼方面继续保持世界科技领先地位。

3.2 有色轻金属生产过程优化控制现状

我国轻金属冶炼的规模型企业主要是氧化铝厂、电解铝厂、附属炭素厂以及金属镁厂。据中国铝业网公布的最新数据，2019 年中国氧化铝产量 7247.4 万吨，占到了全球总产量的 56.83%，我国已成为名副其实的世界氧化铝第一大生产国。2019 年我国共生产原镁 84.48 万吨，在镁产量和消费等方面占据世界第一。

3.2.1 有色轻金属过程的特点

轻金属冶炼生产产品品种多，流程多样，同一种产品有不同的生产流程，甚至一个厂存在不同的生产工艺；另外，生产流程长、设备多、工序关联、前后工序连续性强。

以拜耳法生产氧化铝溶出工序为例。

拜耳法生产氧化铝主要有五个生产环节，其中又以溶出工序为关键。拜耳法溶出工序将来自原矿制备工序的矿浆送入到进行脱硅反应的脱硅槽中，同时在矿浆中适量添加一定浓度的液碱，经过液碱调配的矿浆输送至套管换热器中进行加热，套管中加热后的矿浆再被送到保温罐做停留反应，完成溶出反应后矿浆进入料浆自蒸发器中将其中的热量以二次蒸汽的形式闪蒸出来，经过闪蒸后矿浆完成溶出反应[1]。

影响溶出工序的因素很多，主要有：

（1）温度。温度是影响化学反应速度的重要因素，也是影响矿浆进行溶出反应的基础性、关键性的因素。化学反应温度越高，矿浆的化学及其扩散的速度都会随之加快，说明当提高矿浆溶出时的温度非常有利于矿浆的溶出速度。但温度升高的同时设备更容易发生故障。

（2）碱液浓度。碱液浓度升高能够提高溶出反应的速度，增加循环母液中的苛碱浓度溶液的未饱和度，加快矿浆中的氧化铝溶出反应速度。但如果循环母液中的苛碱浓度过高，后续的蒸发工序所需的蒸汽用量就会大幅度升高，导致生产成本增大。

（3）溶出过程中搅拌强度。搅拌溶出矿浆能够加快溶液中不同成分的混合。对矿浆进行搅拌可以在促进溶出反应的同时提高矿浆流动时的湍流，这在一定程度上也延缓了槽罐内的结疤生成速度。

（4）矿石研磨粒度。矿石的粒度越细，其比表面积越大，与碱液接触的面积也就越大，但是矿石的粒度过细不仅造成后续的赤泥分离洗涤工序产出的赤泥变细，也使得分离洗涤难度增加。

（5）矿浆停留反应时间。矿浆在溶出工序的停留时间与保温罐的容积有直接关系，理论上只要有足够的反应时间溶出率就会增加，但是反应的时间延长导致硅矿物开始大量反应析出，这对氧化铝的溶出反应又是不利的。

（6）铝土矿矿石结构。根据矿石结构以及其中含有的结晶水数量可以将铝土矿分为一水硬铝石和一水软铝石以及三水软铝石。矿石结构对溶出反应也有很大的影响，其中一水硬铝石的溶出难度最大，一水软铝石的溶出难度则相对较低，三水软铝石的溶出难度最小，三种结构的矿石对溶出工艺的要求也各有差异。三种矿石结构不同，含有的杂质也有所差异，主要以氧化铝水合物为主，并含有一定数量的氧化硅、氧化铁、氧化钛和碳酸盐等有害杂质，这些杂质会在溶出时生成结疤，阻止氧化铝的溶出反应。

（7）矿石中氧化铝含量。氧化铝含量越高，则单位数量的矿石产出的氧化铝越多，产生的赤泥和其他杂质的数量也就越少。

由此可见，有色轻金属生产过程流程长、条件复杂、环境恶劣、具有变量多且相互关联、非线性严重、大惯性、纯滞后、干扰多等特点。对于这样复杂的系统，难以用准确的数学模型描述，常规的基于数学模型的一些控制策略以及 PID 等控制方法，难以取得较好的效果。因此，新的控制策略，如最优控制、预测控制、鲁棒控制以及智能控制等的研究及应用，已是有色金属生产过程控制的发展方向。

3.2.2 有色轻金属生产过程优化

优化技术是流程工业过程系统节能降耗取得最佳效益的关键。优化技术是研究和解决如何从所有可能的方案中寻找最优的方案，具体地说，研究如何将优化问题表示为数学模型以及如何根据数学模型快速求得其最优解这两大问题。优化作为人们强有力的思想方法，已迅速发展成为一门重要的应用数学学科，它与计算机科学、系统工程科学、自动化控制等技术发展密切相关，同时相互促进，相互提高。近年来，随着优化技术应用领域不断扩大，解决问题不断深化，优化技术已用于冶金、电力、石化等领域。国内外的应用实践表明，在同样条件下，经过优化技术的运用处理，对系统效率的提高、能耗的降低、资源的合理利用及经济效益的提高等均有显著的效果，而且随着处理对象规模的增大，这种效果更加显著。

以氧化铝生产过程为例，其优化的目标主要有：

（1）提高产量。冶炼过程目标是在满足一定质量范围内挖掘生产潜力，提高生产产量。

（2）降低能耗。一般矿石品位低，又有多金属伴生，提取金属的工艺复杂，工序繁多，由此，能耗在冶炼成本中占据相当大的比例。综合利用资源和节能降耗意义重大。

（3）优化冶炼环境。有色轻金属冶炼过程反应十分复杂，影响因素繁多，难以实现优化、控制与决策。目前，国内外学者主要集中在对不确定优化算法、有色金属冶金过程优化控制理论及应用方面的研究[2~5]。

3.2.2.1 不确定优化算法及求解

A 不确定优化算法

生产过程的优化需要准确的数学模型，但实际过程很难得到一个准确的数学模型。造成数学模型和实际过程失配的原因主要有：对过程的机理认识不够、数学模型中的参数不确定性和生产过程中存在的干扰因素。目前，对不确定性过程的优化研究包括：解灵敏度/稳定性分析、鲁棒优化和随机规划[6,7]。

（1）解灵敏度分析指一个系统（或模型）的状态或输出变化对系统参数或周围条件变化的敏感程度的方法。在最优化方法中利用灵敏度分析来研究原始数据不准确或发生变化时最优解的稳定性。通过灵敏度分析可以决定哪些参数对系统或模型有较大的影响。大多数实际问题中，当求解一个非线性规划问题时，不但要求得到它的解，而且还要了解问题随参数变化时它的最优解将发生怎样的变化，这种随参数的变化可能是离散的，也可能是连续的。因此，要考虑最优解的局部扰动（灵敏度）分析和有限扰动（稳定性）分析。扰动和逼近已经成为数学的重要分支。在数学规划中，灵敏度分析和稳定性分析已经用于得到最优性条件，对偶性结果、计算方法的设计，收敛性和收敛速度估计等。

（2）鲁棒优化是研究不确定优化问题的一种新建模方法，它源自鲁棒控制理论，是随机优化和灵敏度分析的补充替换，其目的是寻求一个对于不确定输入的所有实现都能有良好性能的解。鲁棒优化与其他不确定优化方法的最大区别在于：1）鲁棒优化强调的是所谓的硬约束，寻求一个对于不确定输入的所有实现都能有良好性能的解，即不确定优化问题的解对于任何一个可能参数的实现都必须是可行的，而其他不确定优化问题并没有这个要求。2）鲁棒优化的建模思想与其他优化方法不同，它是以最坏情况下的优化为基础，是保守的算法，得到的优化方案并不是最优的。但是，当参数在给定的集合内发生变化时，仍能确保优化方案是可行的，从而使模型具有一定的鲁棒性，即优化方案对参数扰动不敏感。3）鲁棒优化对于不确定参数没有分布假定，只是给出不确定参数集，不确定参数集合内的所有值都同等重要。鲁棒优化的主要方法有鲁棒线性规划、鲁棒二次规划、鲁棒半定规划。

鲁棒优化的思想是保证在最坏情况下，寻求满足过程操作控制指标的最优解，或在保证预期目标的情况下，满足平均概率约束。与确定参数的优化问题相比较，鲁棒优化问题更复杂，需要解更多的微分方程和不等式约束。虽然对于最坏情况下求得的最优解是保守的，但是在缺乏测量值的条件下，鲁棒优化仍是最好的优化策略。

（3）随机规划是把随机变量包含在数学规划模型中的理论和方法，它是数学规划的一个分支，可以根据数学模型求得问题的最优解，但这个最优解一般不是一个确定值而是一个期望值。在随机规划中，需对随机变量进行描述，分析其概率分布，往往还要考虑各随机变量的自相关和互相关，因而在理论上和求解方法上都比确定性规划复杂得多。实际上，求解随机规划问题时，总是设法把它转化成确定性数学规划问题，再进行求解。如果随机变量的非确定性变化很小，对系统的性能不产生严重影响，可以用其数学期望代替这个非确定值，并用确定性方法求解，然后通过灵敏度分析来估计非确定性因素对方案的影响程度。如果随机变量变化很大，用期望值可能使方案性能的评价受到很大影响，这时就要用随机规划方法求解。

随机规划方法有多种，如随机整数规划、多目标随机规划等。把随机规划中的随机变量化为随机过程，借助鞅论、时间序列分析、马尔科夫链等理论又形成丰富的随机规划内容。求解随机规划的方法很多，一种方法是在随机变量经过随机模拟之后，把随机规划转化为确定性的规划，应用确定性的非线性规划理论来求解；另一种是采用遗传算法、模拟退火算法、神经网络算法等智能优化算法。

随机规划的特点归纳为：在随机规划问题中，当参变量变化时，寻找依赖于参变量的决策变量，这种关系虽不能得到一个明显的表达式，但总存在着一个用期望值表示的期望函数。所以，在规划问题中的最优值是指期望最优值，例如目标函数表示能耗或成本时，规划问题中找到的是最小能耗期望值或最小成本的期望值。

在随机规划问题中，决策变量对随机参变量的效用函数是未知的，随机变量的概率分布也未知，只能从目标函数的最优值存在的条件中，寻找决策变量的最优解集合。由于决策变量与目标函数都是作用于随机变量上，所以随机规划问题几乎都是非线性规划问题。非线性规划问题的求解仍是一难题。

机会约束规划是在一定的概率意义下达到最优的理论。它是一种随机规划方法，针对约束条件中含有随机变量，并且必须在观测到随机变量的实现之前做出控制决策的问题。机会约束规划考虑到所做决策在不利的情况发生时可能不满足约束条件，采用一种原则允许所做决策在一定程度上不满足约束条件，但该决策使约束条件成立的概率不小于某一个足够小的置信水平。对一些特殊情况，机会约束规划问题可以转化为等价的确定性数学规划问题，但对于较复杂的机会约束规划问题，则要利用基于随机模拟的遗传算法来求解一般机会约束规划问题以及机会约束多目标规划问题。

机会约束规划的解法大致有两种：其一，将机会约束规划转化为确定性规划，然后用确定性规划的理论去求解；其二，通过随机模拟技术处理机会约束条件，并利用遗传算法的优胜劣汰，得到机会约束规划的目标函数最优值和决策变量最优解集。

机会约束规划的目标函数最优值及决策变量的最优解集与模型中的随机系数有关，因而具有随机性。从数理统计的角度看，对这种随机的目标函数最优值以及决策变量的最优解集可以做出某种置信水平的区间估计。衡量区间估计精度的一个重要指标是估计区间的长度，估计区间长度越小，估计精度就越大；反之，估计区间长度越大，估计精度就越小。

B　动态优化问题的求解

动态过程本身很复杂，一般没有解析解存在，必须寻求合适的数值解。常采用的数值解法主要有直接法和间接法两类。

　　直接法是将原来的连续时间问题转换为离散问题来求解，按照离散程度的不同，分为序列算法[8]（sequential approach）和联立算法[9,10]（simultaneous approach）。序列算法仅仅离散控制变量，使用标准的积分算法计算系统状态方程。基于目标函数和约束，输入参数值被更新直到目标函数最小。当控制变量由时间单元内的分段常量函数、线性函数或者多项式函数表示时，优化问题就变为求解这些多项式的系数。序列算法的优点在于它是可行路径法，寻优变量少；缺点是不能处理路径约束，且在求解状态方程时可能会耗时很长，甚至在遇到不稳定模型时，因得不到状态变量的值而终止优化。联立算法离散所有的控制变量和状态变量，将整个解空间划分为有限时间单元。状态变量和控制变量通常使用正交配置法离散。联立算法将微分代数方程（DAE）系统结合到优化问题中，DAE系统仅在最优解处求解一次，而在非线性优化迭代过程中不必满足。在对优化问题进行求解时分别采用积极集SQP（successive quadratic programming）和障碍SQP方法来描述。联立算法最大的优点在于将控制变量作为优化变量，处理路径约束问题比较容易，同时由于优化迭代过程中无须求解模型方程，因此对于不稳定的模型具有很大优势。其不足体现在：一方面，其离散后产生大规模非线性规划NLP（nonlinear programming）问题，通常需要特殊的分解技术和复杂的数学处理；另一方面，由于它是一种不可行路径算法，中间的优化结果是不可用的，使其在在线优化中的应用受到了限制。

　　间接法通过求解最优化问题所满足解的必要条件或充分条件对原问题进行求解。经典方法是最大值原理法，通过引入状态变量的伴随变量转化为求解Hamilton函数的最优化问题，得到满足原问题最优解的必要条件，最后归结为两点边值问题。此方法的主要缺点是最优解在初始条件处的变化是非常灵敏的，而且两点边值问题的求解计算量很大。另一种方法是动态规划法，可以得到满足最优解的充分必要条件，问题最后转化为一个非常复杂的偏微分方程组，即Hamilton-Jacobi-Bellman方程组。此方法由于计算复杂，因此应用比较困难。

　　对于不确定机会约束求解，主要方法是将机会约束转化为各自的确定等价类，然后对等价的确定模型进行求解，但这种方法只适用可将机会规划问题转化为确定性规划问题的情形，比如对目标函数为线性且其约束参数服从正态分布和指数分布的机会约束规划问题、某些特殊的非正态系数机会约束规划问题等。另一种方法是采用逼近法，利用随机仿真与智能算法相结合来进行，其中以遗传算法最为成功。文献[3]中提出一种将遗传算法、随机模拟和神经网络相结合的用于求解一般随机机会约束规划的混合智能算法；文献[4]中提出一种将粒子群算法、随机仿真及神经网络相结合的用于求解一般机会约束的混合智能算法。这类智能方法原理较为简单，容易实现，且不需要精确的模型信息，一般用于无约束或简单边界约束的优化命题，对复杂的含较多不等式约束的优化问题求解仍较困难。

应用在复杂过程优化控制中的确定性规划问题主要有：

（1）多目标约束优化。多目标优化问题一般表示为：

$$\min F(x)$$

$$x \text{ s. t. } G(w) \leqslant 0$$

其中，$F(x) = [f_1(x), f_2(x), \cdots, f_n(x)]^T$。

1）极小极大优化。假设有一组 n 个目标函数 $f_i(x)$，它们中的每一个均可以提取出一个最大值：

$$\max f_1(x)$$

$$x \text{ s. t. } G(w) \leqslant 0$$

这样得出的一组最大值仍然是 x 的函数。对这些最大值进行比较进行最小化搜索：

$$J = \min \begin{bmatrix} \max f_1(x) \\ x \text{ s. t. } G(x) \leqslant 0 \end{bmatrix} (i = 1, 2, \cdots, n)$$

这类问题称为极小极大问题。

考虑各类约束条件，极小极大问题可以写成更一般的形式：

$$\text{minmax} f_1(x)$$

$$x \text{ s. t. } \begin{cases} Ax \leqslant b \\ Awq. \, x = beq \\ lb \leqslant x \leqslant ub \\ C(x) \leqslant 0 \text{（非线性不等式约束）} \\ Ceq(x) = 0 \text{（线性不等式约束）} \end{cases}$$

基于 fminimax（·）函数，还可以求解相关的变形问题，如极小极小优化问题：

$$J = \min \begin{bmatrix} \min f_i(x) \\ x \text{ s. t. } G(x) \leqslant 0 \end{bmatrix} \Rightarrow J = \min \begin{bmatrix} \max -f_i(x) \\ x \text{ s. t. } G(x) \leqslant 0 \end{bmatrix}$$

2）目标规划。目标规划的标准形式如下：

$$\min \gamma$$

$$x \text{ s. t.} \begin{cases} Ax \leqslant b \\ F(x) - \text{weight} \cdot \gamma \leqslant \text{goal} \\ \text{Awq.} x = \text{beq} \\ lb \leqslant x \leqslant ub \\ C(x) \leqslant 0(\text{非线性不等式约束}) \\ Ceq(x) = 0(\text{线性不等式约束}) \end{cases}$$

用 MATLAB 可求解目标规划问题。

（2）动态规划。使用动态规划方法解决多阶段决策问题，首先要将实际问题写成动态规划模型。

1）阶段和阶段变量。为了便于求解和表示决策及过程的发展顺序，把所给问题恰当地划分为若干个相互联系又有区别的子问题，这为多段决策问题的阶段。通常，阶段是按决策进行的时间或空间上先后顺序划分的。用以描述阶段的变量为阶段变量，一般以 k 表示阶段变量。阶段数等于多段决策过程从开始到结束所需做出决策的数目[10]。

2）状态与状态变量。状态变量包含在给定的阶段上确定全部允许决策所需要的信息。阶段 k 的初始状态记作 s_k，终止状态记为 s_{k+n}。

3）可能状态集。一般状态变量的取值有一定的范围或允许集合，称为可能状态集，或可达状态集。可能状态集实际上是关于状态的约束条件。可能状态集用相应阶段状态 s_k 的大写字母 S_k 表示，$s_k \in S_k$，可能状态集可以是一离散取值的集合或一连续的取值区间，视具体问题而定。

4）决策、决策变量和允许决策集合。决策的实质是关于状态的选择，是从给定阶段状态出发对下一阶段状态做出的选择。用以描述决策变化的量为决策变量。决策变量的值可以是数、向量、其他量，也可以是状态变量的函数，记作 $u_k = u_k(s_k)$，表示阶段 k 状态 s_k 时的决策变量。决策变量的取值往往也有一定的允许范围，为允许决策集合。决策变量 $u_k(s_k)$ 的允许决策集用 $U_k(s_k)$ 表示，$u_k(s_k) \in U_k(s_k)$，允许决策集合实际是决策的约束条件。

5）策略和允许策略集合。策略也称为决策序列。策略有全过程策略和 k 部子策略之分。全过程策略是指由依次进行的 n 个阶段决策构成的决策序列，简称策略，表示为 $p_{1,n}\{u_1, u_2, \cdots, u_n\}$。从 k 阶段到第 n 阶段，依次进行的阶段决策构成的决策序列称为 k 部子策略，表示为 $p_{k,n}\{u_k, u_{k+1}, \cdots, u_n\}$ ，显然当 $k = 1$ 时的 k 部子策略就是全过程策略。

在实际问题中，由于在各个阶段可供选择的决策有许多个，因此，它们的不同组合就构成了许多可供选择的决策序列（策略），它们组成的集合称为允许策略集合，记作 $P_{1,n}$ 。从允许策略集中，找出具有最优效果的策略称为最优策略。

6）状态转移方程。系统在阶段 k 处于状态 s_k ，执行决策 $u_k(s_k)$ 的结果是系统状态的转移，即系统由阶段 k 的初始状态 s_k 转移到终止状态 s_{k+1} 。对于具有无后效性的多阶段决策过程，系统由阶段 k 到阶段 $k+1$ 的状态转移完全由阶段 k 的状态 s_k 和决策 $u_k(s_k)$ 所确定，与系统过去的状态 $s_1, s_2, \cdots, s_{k-1}$ 及其决策 $u_1(s_1), u_2(s_2), \cdots, u_{k-1}(s_{k-1})$ 无关。

系统状态的这种转移，用数学公式描述即有：

$$s_{k+1} = T_k(s_k, u_k(s_k))$$

通常称上式为多阶段决策过程的状态转移方程。有些问题的状态转移方程不一定存在数学表达式，但是它们的状态转移，还是有一定规律可循的。

7）指标函数。①阶段指标函数（阶段效应）。用 $g_k(s_k, u_k)$ 表示第 k 段处于 s_k 状态且所作决策为 $u_k(s_k)$ 时的指标，则它就是第 k 段指标函数，简记为 g_k 。②过程指标函数（目标函数）。用 $R_k(s_k, u_k)$ 表示第 k 子过程的指标函数。$R_k(s_k, u_k)$ 不仅跟当前状态 s_k 有关，还跟该子过程策略 $p_k(s_k)$ 有关，因此它是 s_k 和 $p_k(s_k)$ 的函数，严格说来，应表示为 $R_k(s_k, p_k(s_k))$ 。实际应用中上式可表示为 $R_k(s_k, u_k)$ 。过程指标函数 $R_k(s_k)$ 通常是描述所实现的全过程或 k 后部子过程效果优劣的数量指标，它是由各阶段的阶段指标函数 $g_k(s_k, u_k)$ 累积形成的。

适于用动态规划求解问题的过程指标函数（即目标函数），必须具有关于阶段指标的可分离形式。对于 k 部子过程的指标函数可以表示为：

$$R_{k,n} = R_{k,n}(s_k, u_, s_{k+1}, u_{n+1}, \cdots, s_n, u_n)$$

多阶段决策问题中，常见的目标函数形式之一是取各阶段效应之和的形式，即：

$$R_k = \sum_{i=k}^{n} g_i(s_i, u_i)$$

有些问题，如系统可靠性问题，其目标函数是取各阶段效应的连乘积形式，如：

$$R_k = \prod_{i=k}^{n} g_i(s_i, u_i)$$

具体问题的目标函数表达形式需要视具体问题而定。

8）最优解。用 $f_k(s_k)$ 表示第 k 子过程指标函数 $R_k(s_k, p_k(s_k))$ 在状态 s_k 下的最优值，即：

$$f_k(s_k) = \underset{p_k \in P_k(s_k)}{\mathrm{opt}} \{R_k(s_k, p_k(s_k))\}, \quad k = 1, 2, \cdots, n$$

称 $f_k(s_k)$ 为第 k 子过程的最优指标函数，相应的子策略称为 s_k 状态下的最优子策略，记为 $p_k^*(s_k)$，构成该子策略的各段决策称为该过程的最优决策，记为：

$$u_k^*(s_k), u_{k+1}^*(s_{k+1}), \cdots, u_n^*(s_n)$$

故有 $p_k^*(s_k) = \{u_k^*(s_k), u_{k+1}^*(s_{k+1}), \cdots, u_n^*(s_n)\}$，$k = 1, 2, \cdots, n$，简记为 $p_k^* = \{u_k^*, u_{k+1}^*, \cdots, u_n^*\}$，$k = 1, 2, \cdots, n$。特别当 $k = 1$ 且 s_1 取值唯一时，$f_1(s_1)$ 就是问题的最优值，而 p_1^* 就是最优策略。但若取值不唯一，则问题的最优值记为 f_0^*，有：

$$f_0^* = \underset{s_1 \in S_1}{\mathrm{opt}} \{f_1(s_1)\} = f_1(s_1 = s_1^*)$$

最优策略即为 $s_1 = s_1^*$ 状态下的最优策略 $p_1^* = \{u_1^*, u_2^*, \cdots, u_n^*\}$。把最优策略和最优值统称为问题的最优解。

9）多阶段决策问题的数学模型。多阶段决策问题的数学模型呈以下形式：

$$f = \underset{u_1 \sim u_n}{\mathrm{opt}} R = R(s_1, u_1, s_2, u_2, \cdots, s_n, u_n)$$

$$\mathrm{s.t.} \begin{cases} s_{k+1} = T_k(s_k, u_k) \\ s_k \in S_k \\ u_k \in U_k \\ k = 1, 2, \cdots, n \end{cases}$$

式中"opt"表示最优化，视具体问题取 max 或 min。上述数学模型说明了对于给定的多阶段决策过程，求取一个（或多个）最优策略或最优决策序列 $p_1^* = \{u_1^*, u_2^*, \cdots, u_n^*\}$，使之既满足上式给出的全部约束条件，又使上式所示的目标函数取得极值，并且同时指出执行该最优策略时，过程状态演变序列即最优路线 $\{s_1^*, s_2^*, \cdots, s_n^*\}$。

3.2.2.2　有色冶金过程优化方面

国内关于有色冶金过程优化控制的研究主要基于模型的操作指导优化。如文献[11]针对一类生产全过程，提出了基于机会约束规划的动态实时优化策略。基于产品质量优化模型，利用机会约束规划，将实时优化问题中的经济和模型不确定约束以一定的置信水平概率满足，通过求解联合概率约束问题，确定各子过程控制器的最优设定值。文献[12]对复杂有色金属熔炼过程操作模式智能优化方法做了研究，提出了单参数决策和多参数决策的操作模式智能优化方法，并将其用于复杂有色金属熔炼过程操作决策，取得了明显的成效。还有学者进行了智能集成建模有色金属冶炼过程稳态优化控制研究[13]，采用基于规则模型和稳态数学模型的组合式模型，采用专家控制策略实现了铅锌火法冶炼过程的优化控制。文献[14，15]将人工智能、专家控制和神经模型控制相结合，使用智能机会约束方法实现了精馏塔的控制。不过，这些方法及应用还有待进一步研究[16~24]。

3.2.3　优化软件开发

目前国外已出现了一些著名的实时控制与优化软件公司，如 Aspentech 公司、Honeywell 公司、Setpoint 公司等。这些公司软件大都针对流程过程且基于严密的数学机理模型设计，对于其他无法获取机理模型的连续生产过程不适用。同时，这些软件包都非常昂贵。另外，即使引进了这些软件，因我国企业中普遍存在生产原料、生产环境多变情况，也难以很好使用这些过程优化控制。为此，我国的科技工作者针对石化工业积极开展了优化控制及相应软件的研究开发工作。而我国有色金属冶炼行业，相对于石化工业而言，其优化控制及相应软件的研究开发工作起步晚，规模小。因此，进行复杂有色金属冶金过程的优化控制研究，开发具有自主权的建模软件和优化软件，更具有重大的意义。

综上所述，机会约束动态规划、有色冶金的操作优化研究都取得了不同程度的研究结果，但针对有色轻金属冶炼过程系统的不确定动态优化研究还处于探索之中。如何有效地解决其系统优化问题中的大量不确定因素，提高整体系统性能，保持过程工业效益最大化构成了本书的内容。

3.3　有色轻金属生产过程机会约束规划

本节针对有色轻金属生产过程，讨论不确定动态优化算法。以有色轻金属氧化铝生产过程为研究对象，采用数值分析、相似特性装置模拟等手段，探索有色金属冶金过程系统不确定优化问题。基于重要性采样和回归拟合建立机会约束的形式化描述。基于多目标优化机制，寻找不确定动态行为影响系统优化经济指标的关键函数。在此基础上，讨论机会约束优化算法及求解。

3.3.1　不确定参数数学描述

复杂过程优化实质上是一个包含过程动态模型在内的多目标优化问题，过程处于稳态时，g_1 与 g_2 可采用线性模型，$\xi(k)$ 为不确定干扰，一般可以表述为一个非线性约束优化问题：

$$\min J = \left[\, Var(u_i)\ \ Var(y_j)\,\right]$$

s. t.

$$\boldsymbol{x}(k+1) = g_1(\boldsymbol{x}(k),\boldsymbol{u}(k),\xi(k))$$

$$y(k+1) = g_2(\boldsymbol{x}(k),\xi(k)) \tag{3-1}$$

$$\boldsymbol{u}_L \leqslant \boldsymbol{u} \leqslant \boldsymbol{u}_U, \quad \boldsymbol{y}_L \leqslant \boldsymbol{y} \leqslant \boldsymbol{y}_U$$

$$\boldsymbol{u} = \left[u_1,u_2,\cdots,u_K\right]^{\mathrm{T}}, \quad \boldsymbol{y} = \left[y_1,y_2,\cdots,y_N\right]^{\mathrm{T}}$$

通过加权将多个优化目标转化成单目标规划后求解，然后通过不断调整加权系数后得到的一组最优解共同构成最优。

$$J = \sum_{i=1}^{K} w_{ui} Var(u_i) + \sum_{j=1}^{N} w_{yj} VarE(y_j)$$

$$= Var(\boldsymbol{u})^{\mathrm{T}} \boldsymbol{W}_u Var(\boldsymbol{u}) + Var(\boldsymbol{y})^{\mathrm{T}} \boldsymbol{W}_y Var(\boldsymbol{y}) \tag{3-2}$$

将现有的约束线性二次型高斯（LQG）的研究结果用到多回路不确定约束中。由于得到完整、精确的最优解平面 $\Psi_{\min}(Var(u),Var(y))=0$，需要连续变化加权系数 $\boldsymbol{W}_u$ 和 $\boldsymbol{W}_y$，求解无穷次数的约束 LQG 问题，这是无法实现的。由此考虑重要性采样结合回归拟合的研究方案，即通过重要性采样方法迭代选择一系列的加权系数 $\boldsymbol{W}_u$ 和 $\boldsymbol{W}_y$，保证对 $\Psi_{\min}$ 变化剧烈部分充分采样后，采用支持向量回归的方法得到近似的 $\Psi_{\min}=0$ 的约束描述。由于采用了支持向量回归，可在小样本情况下保证回归的精确性。

3.3.2　不确定优化模型结构及求解算法

采用机会约束规划的优化问题的形式描述如下：

$$\min J = E\{f(\boldsymbol{y},\boldsymbol{u})\}$$

s. t.

$$f = \sum_{i=1}^{P} \parallel \boldsymbol{y}(k + i \mid k) - \boldsymbol{y}_{\mathrm{ref}} \parallel_{Q} + \sum_{i=0}^{M-1} \{ \parallel \boldsymbol{u}(k + i \mid k) - \boldsymbol{u}_{\mathrm{ref}} \parallel_{R} +$$

$$\parallel \Delta\boldsymbol{u}(k + i \mid k) \parallel_{S}\}$$

$$\boldsymbol{x}(k + i + 1 \mid k) = \boldsymbol{g}_1(\boldsymbol{x}(k + i \mid k), \boldsymbol{u}(k + i \mid k), \boldsymbol{\xi}(k + i)) \quad\quad\quad (3\text{-}3)$$

$$\boldsymbol{y}(k + i \mid k) = \boldsymbol{g}_2(\boldsymbol{x}(k + i \mid k), \boldsymbol{u}(k + i \mid k), \boldsymbol{\xi}(k + i))$$

$$\boldsymbol{u}_{\min} \leqslant \boldsymbol{u}(k + i \mid k) \leqslant \boldsymbol{u}_{\max}$$

$$\Delta\boldsymbol{u}_{\min} \leqslant \Delta\boldsymbol{u}(k + i \mid k) \leqslant \Delta\boldsymbol{u}_{\max}, \quad i = 0, \cdots, M - 1$$

$$P\{\boldsymbol{y}_{\min} \leqslant \boldsymbol{y}(k + j \mid k) \leqslant \boldsymbol{y}_{\max}\} \geqslant \alpha, \quad j = 1, \cdots, P$$

采用机会约束 $P\{\cdot\} \geqslant \alpha$，上述问题形式描述了不确定环境中，过程变量突破系统约束的随机行为，机会约束中的置信限 α 可以根据过程历史运行数据或工艺设计标准进行选择。

3.3.3　动态优化问题求解

变换优化目标为经济指标的期望形式 $E\{profit(\cdot)\}$，体现优化算法的根本设计目标。改进后的优化问题的形式如下：

$$\max_{\boldsymbol{u},\boldsymbol{y},Var(\boldsymbol{u}),Var(\boldsymbol{y})} J = E\{profit(\boldsymbol{u},\boldsymbol{y},Var(\boldsymbol{u}),Var(\boldsymbol{y}))\}$$

s. t.

$$\boldsymbol{\Psi}_{\min}(Var(\boldsymbol{u}),Var(\boldsymbol{y})) = 0$$

$$\boldsymbol{x}(k + i + 1 \mid k) = \boldsymbol{g}_1(\boldsymbol{x}(k + i \mid k), \boldsymbol{u}(k + i \mid k), \boldsymbol{\xi}(k + i))$$

$$\boldsymbol{y}(k + i \mid k) = \boldsymbol{g}_2(\boldsymbol{x}(k + i \mid k), \boldsymbol{u}(k + i \mid k), \boldsymbol{\xi}(k + i)) \quad\quad (3\text{-}4)$$

$$\boldsymbol{u}_{\min} \leqslant \boldsymbol{u}(k + i \mid k) \leqslant \boldsymbol{u}_{\max}$$

$$\Delta\boldsymbol{u}_{\min} \leqslant \Delta\boldsymbol{u}(k + i \mid k) \leqslant \Delta\boldsymbol{u}_{\max}, \quad i = 0, \cdots, M - 1$$

$$P\{\boldsymbol{y}_{\min} \leqslant \boldsymbol{y}(k + j \mid k) \leqslant \boldsymbol{y}_{\max}\} \geqslant \alpha, \quad j = 1, \cdots, P$$

通过系统的历史运行数据，可估计未知干扰的 $\xi(k)$ 的特性。

由于引入不确定性的期望求解及机会约束，导致上述的计算十分复杂。采用如下技术方案解决：将机会约束逆向映射机制进行扩展，在满足特定的单调性条件下，机会约束可以转化为与变量不确定方差相关的普通约束进行求解。而目标函数期望的求取采用 Markov Chain Monte Carlo（MCMC）方法，通过序列模拟算法，逼近效益指标 $profit(\cdot)$ 函数在约束条件下的分布情况，进而完成期望的求取工作。

3.4　一类光滑约束优化算法

在最优控制的优化框架中，离散/连续混合动态系统的优化是一项具有挑战性的任务。混合动态优化问题的关键特性是模式的互补性。为了能激活相互关联的每一个模式，采用整数变量来表示互补性，形成一个混合逻辑动态系统。

由于模式的互补性是实时的，优化问题的离散化将产生大量的离散变量，从而导致混合整数非线性规划方法的计算量增加。将模式的互补性表示为优化问题的等式约束，得到具有互补约束的数学规划（MPCC）。然而，这类问题有效约束的梯度在可行点处是线性相关的，乘子集是无限的。由于 Mangasarian-Fromovitz 约束条件（MFCQ）等同于一个可行集的数值稳定性，因此可通过非线性规划（NLP）技术求解。

本节介绍一种平滑策略及修正的惩罚方法，并将其应用于具有状态相关模式转换的混合动态优化系统。由于模式的激活/失活取决于系统的状态，因此优化问题除了涉及互补变量外，还必须考虑切换条件。此外，动态优化问题实时离散化而产生大规模的非线性规划问题的求解，通过寻找局部解，及时调整修正因子获得最优解。

3.4.1　动态系统数学结构

3.4.1.1　动态系统切换

混合动力系统通过动态系统切换机制进行转换。动态系统切换由多个子系统和切换规则组成。求解一个混合动态优化问题时，考虑到互补约束，通过确定相应模式的激活或非激活的变量来表示模式的互补性。

用互补变量 $z_2 \in R^{n_c}$ 表示具有互补约束数学规划问题。

定义：

$$\min_{x,z_1,z_2} J(x,z_1,z_2)$$

$$\text{s. t. } h(x,z_1,z_2) = 0$$

$$g(x,z_1,z_2) \geqslant 0$$

$$z_1^T z_2 = 0, \quad z_1 \geqslant 0, z_2 \geqslant 0 \tag{3-5}$$

其中，目标函数 J: $R^n \times R^n \times R^n \to R$、等式约束 h: $R^n \times R^{n_c} \times R^{n_c} \to R^p$、不等式约束 g: $R^n \times R^{n_c} \times R^{n_c} \to R^p$，状态变量 $x \in R^n$，$\forall i = 1, \cdots, N_c$。式（3-5）的互补约束数学规划可以等效地表示为带有平衡约束的数学规划问题。

3.4.1.2 动态系统切换机制

对于动态系统切换问题（3-5），假定 NLP 非正则，且在所有有效点上都不是线性独立约束条件，则式（3-5）的梯度取决于特定有效点约束函数的梯度。因此，最优解的拉格朗日乘子集可以是无界的或是空集。为了保证它不是空集，假设 NLP 具有正则性：

$$\{\nabla g_i \mid i \in \Gamma_g\} \cup \{\nabla h_i \mid i = 1,\cdots,p\} \cup \{\nabla z_{1,i} \mid i \in \Gamma_{z_1}\} \cup \{\nabla z_{2,i} \mid i \in \Gamma_{z_2}\}$$

$$(3-6)$$

$$\Gamma_{z_1} = \{\{j = 1,\cdots,n_c\} \mid z_{1,j}^* = 0\} \qquad (3-7)$$

其中，$\Gamma_{z_2} = \{\{j = 1,\cdots,n_c\} \mid z_{2,j}^* = 0\}$ 是具有松弛互补约束（3-6）有效点的不等式约束集，梯度为 $\{\nabla(z_{1,i}^T z_{2,i}) \mid i \in \Gamma_{z_1} \cap \Gamma_{z_2}\}$。

假如有效点是优化问题（3-5）的局部极小值，则它是一个强平稳点，由此可得如下线性规划：

$$\min_d \nabla J(x^*, z_1^*, z_2^*)^T d$$

$$h(x^*, z_1^*, z_2^*)^T + \nabla h(x^*, z_1^*, z_2^*)d = 0 \qquad (3-8)$$

$$g(x^*, z_1^*, z_2^*)^T + \nabla g(x^*, z_1^*, z_2^*)d \geq 0$$

其最优的解为 $d^* = 0$。将上式用松弛法进行重构，以获得原问题的解。

3.4.1.3 动态系统切换重构

考虑采用一个光滑的 NLP 问题来近似原始的非光滑 NLP 问题，这样就可以用一个 NLP 求解器来求解。一般情况下，互补条件的松弛度需要在原问题的近似精度与 NLP 求解结果的稳定性和鲁棒性之间折中确定。

将式（3-5）重写为：

$$R_u: \min_{x,z_1,z_2} J(x, z_1, z_2)$$

$$\text{s.t.} \ \ h(x, z_1, z_2) = 0 \qquad (3-9)$$

$$z_1^T z_2 \leq \mu z_1^T \ \ z_2 \leq \mu, z_1 \geq 0, z_2 \geq 0$$

其中，松弛参数 $\mu > 0$ 时，$z_1^{\mathrm{T}} z_2 = \mu$，显然，约束(3-9)中 (z_1, z_2) 不同时处于激活状态。因此，互补条件满足线性独立约束条件。问题(3-9)的线性独立约束条件对应于问题(3-5)的带平衡约束的数学规划问题。调整松弛参数 μ，可以解决相关的 NLP 问题(3-9)。当松弛参数 μ_k 接近于 0 时，系统具有强稳健性，松弛问题 $R_\mu^{(k)}$ 将收敛到问题(3-5)的解。

用罚函数将原非光滑互补约束数学规划问题转换为光滑问题：

$$R_u: \quad \min_{x, z_1, z_2} J(x, z_1, z_2 + 1/\eta z_1^{\mathrm{T}} z_2)$$

$$\text{s.t.} \quad h(x, z_1, z_2) = 0 \tag{3-10}$$

$$z_1 \geqslant 0, \ z_2 \geqslant 0$$

其中，罚参数 $\eta > 0$。由于互补条件(3-8)已包含在目标函数中，因此它满足线性独立约束条件。

非线性规划问题(3-10)可以通过减小罚参数 η 的值来求解。由于原互补约束数学规划问题中的所有平稳点都是罚函数意义下的局部极小值，因此，当 η 小于一个临界值时，该罚问题得到是精确解。

3.4.2　混合动态优化算法及求解

考虑具有多个互补模式和自主模式转换的一般混合动态优化问题：

$$R_{hyb, dyn}: \min_{x, p} J[x, p]$$

$$\text{s.t.} \quad \dot{x} = \sum_{i=1}^{M} z_i f^{(i)}(x, p), \quad x(t_0) = x_0$$

$$z_i = \begin{cases} 1 & \text{if } \Omega_i(x) > 0 \\ 0 & \text{if } \Omega_i(x) < 0 \end{cases}, \ i = 1, \cdots, M \tag{3-11}$$

$$t_s: \Omega(x(t_s)) = 0$$

$$t \in [t_0, t_f] t \in [t_0, t_f] \tag{3-12}$$

$$x_l \leqslant x \leqslant x_u, p_l \leqslant p \leqslant p_u \tag{3-13}$$

其中等式约束(3-11)反映系统的动态特性。指数 $i \in \{1, \cdots, M\}$ 代表 M 个操作模式。系统的初始状态由(3-11)给出。假设模型的解存在唯一性。互补变量由状态转换函数 $\Omega_i(t)$ 的符号决定，可以取 0 或 1。由于在每个时间点都有一个模式处于活动状态，因此必须定义转换功能，以使它们中仅一个为正。式(3-11)中的方括号表示目标的功能特征。它可以包含端点值和一些积分。目标函数依赖于状态变量 $x(t) \in R^n$ 和有界时间无关参数 $p \in R^{n_p}$。目标对互补变量的依赖性通过状态相关切换函数隐式表示。

为了方便描述混合动力优化问题的重构，考虑如下优化模式：

$$\min_{x,p} J[x,p]$$

$$\text{s. t.} \quad x(t_0) = x_0 x(t_0) = x_0$$

$$z = \begin{cases} 1 & \text{if } \Omega_i(x) \geqslant 0 \\ 0 & \text{if } \Omega_i(x) < 0 \end{cases} \tag{3-14}$$

$$t_s: \Omega(x(t_s)) = 0$$

$$x_l \leqslant x \leqslant x_u, \quad p_l \leqslant p \leqslant p_u$$

令 $z_1(t) = z(t)$，$z_2(t) = 1 - z(t)$ 代入 (z_1, z_2) 中，这个假设不失一般性。因为优化问题 (3-14) 的动态模型解的唯一性说明每个切换点可以唯一地确定后续模式，即每个切换刚好涉及两个模式。这种多模式的混合动态系统在工业过程中非常广泛。在大多数情况下，转换从一种模式切换到另一种模式，即 $\text{sum}_{o=1}^M z_i = 1$ 称为串联转换。另一些混合系统，多个转换同时发生，即可以称为并行转换机 $\text{sum}_{o=1}^M z_i = m \leqslant M$。

对式 (3-14) 的混合优化问题做如下改进策略。

(1) 光滑互补约束。优化问题 (3-14) 中，转换函数 $\Omega(x)$ 在确定的时间点通过瞬时转换改变其工作模式。为使求解过程平滑，定义一个平滑阶跃函数来松弛二元互补向量，这样，在转换过程中，系统是由前后模式的动态组合来描述。每个模式的权重由转换函数 $\Omega(x)$ 的值决定。优化问题 (3-14) 重构如下：

$$\min_{x,p} J[x,p]$$

$$\text{s. t.} \quad \dot{x} = z(\Omega(x))f^{(1)}(x,p) + (1 - z(\Omega(x)))f^{(2)}(x,p)$$

$$z(\Omega(x)) = \frac{1}{1 + \exp\left[-\dfrac{\Omega(x)}{\beta}\right]} f^{(1)}(x,p) + (1 - z(\Omega(x)))f^{(2)}(x,p) \tag{3-15}$$

$$x(t_0) = x_0, \quad x_l \leqslant x \leqslant x_u, \quad p_l \leqslant p \leqslant p_u$$

式 (3-15) 提供了通过调整平滑参数 β 来实现所需 $z(x)$ 特性的可能性。在降低平滑参数 β 的同时，通过求解 $\lim_{n \to \infty} \beta_n = 0$，可以找到一个解决方案。对于数值实现，

选择适当的值 $\beta > 0$ 以避免在求解平滑问题(3-15)时的收敛困难。故对参数值 β 的选择需进行适当的估计。由于在系统动力学的时间尺度上，过渡时间必须较短。因此，进一步考虑平滑函数 $z(\Omega(x))$ 的时间尺度与状态 $x(t)$ 之间的关系。

(2) 互补约束的罚函数。采用双层优化，将约束罚函数与下层优化问题结合起来，形成互补问题的数学规划。优化问题(3-15)的双层优化如下：

$$\min_{x,p} J[x,p]$$

$$\text{s.t. } \dot{x} = z(\Omega(x))f^{(1)}(x,p) + (1 - z(\Omega(x)))f^{(2)}(x,p) \tag{3-16}$$

$$x_l \leqslant x \leqslant x_u, \quad p_l \leqslant p \leqslant p_u$$

在每个时间点，内层优化问题(3-16)根据外层优化 x 的转换条件 $\Omega(x)$ 确定转换变量 z 的值。

用非负拉格朗日乘子代替内层优化问题：

$$\min_{x,p} J[x,p]$$

$$\text{s.t. } \dot{x} = zf^{(1)}(x,p) + (1 - z)f^{(2)}(x,p)$$

$$x(t_0) = x_0, \quad x_l \leqslant x \leqslant x_u, \quad p_l \leqslant p \leqslant p_u$$

$$0 = -\Omega(x) - \alpha_0 + \alpha_1 \tag{3-17}$$

$$0 = -\alpha_0 z, \quad 0 = \alpha_1(1 - z)$$

$$0 \leqslant \alpha_0, \alpha_1; 0 \leqslant z \leqslant 1$$

将(3-17)部分条件作为罚项并入目标函数，形成罚函数问题为：

$$\min_{x,p,z,\alpha_0,\alpha_1} J[x,p] + \frac{1}{\eta} \int_{t_0}^{t_f} (\alpha_0 z + \alpha_1(1 - z)) \mathrm{d}t$$

$$\text{s.t. } \dot{x} = zf^{(1)}(x,p) + (1 - z)f^{(2)}(x,p)$$

$$x(t_0) = x_0, \quad x_l \leqslant x \leqslant x_u, \quad p_l \leqslant p \leqslant p_u \tag{3-18}$$

$$0 = -\Omega(x) - \alpha_0 + \alpha_1$$

$$0 \leqslant \alpha_0, \alpha_1; z \in [0,1]$$

其中，$\eta > 0$。式(3-17)和式(3-18)中的转换变量 z 和拉格朗日乘子 α_0，α_1 都是时变的。如果 J，z，Ω 和 $f^{(i)}$，$i = 1, 2$ 足够平滑，则本节中描述的方法形成微分代数方程有约束平滑优化问题。

（3）参数值的确定。混合动态优化算法的有效性取决于平滑参数 β 和罚参数 η。为得到混合动态优化问题的最优可行解，并保持算法的鲁棒性，采用自适应策略降低解序列的复杂性。

1）松弛参数的确定。第一步是根据 $\Omega(x)$ 斜率和曲率得到 β 初始值。为了得到最优解，提出以下策略：初始化 β^0 以确保轨迹变化足够慢，然后求解得到 $J^0 = J(x_0^*, \beta^0)$。在下一步中，减小 β，比如让 $1/\beta < 1$ 进行优化问题的求解，得到差值 $\Delta^1 = J^1 - J^0$。随后对 $\beta^k = (1/c)\beta^{k-1}$，$k = 2, 3, \cdots$ 一系列问题的目标函数 J^k 的差异 Δ^k 进行评估。如果 $|\Delta^k| \leqslant |\Delta^{k-1}|$，这个连续不等式 Δ 就以级数 $J(x_{\beta_{k-1}}^*, \beta^{k-1})$ 渐近逼近某个值。相反 $|\Delta^k| > |\Delta^{k-1}|$，指示数值问题，终止循环。

2）罚参数的确定。研究表明，η 值从相对较大的值开始是有利的，然后逐步减小 η 来求解一系列优化问题。每步优化以前一个问题的解作为初始化条件。由于互补约束数学规划结构的特殊性，有限维罚问题的解 η 在小于临界值 η_c 时，与原问题的解 x^* 具有强的平稳性。

平滑离散化有限维优化问题可应用于动态情况。实际上，将无限维问题（3-17）用近似的有限维罚函数表示类似于静态问题的精确罚方法。

3.4.3 算例

讨论两个混合动态系统的优化。

3.4.3.1 基于 Signum 函数的离散决策

考虑一类具有转换特性的动态系统目标函数的优化：

$$\min_{x_0, x} J(x) = (x_f - 3)^2 + \int_{t_0}^{t_f} x^2 dt$$

$$\text{s. t. } \dot{x} = 5 - \text{sing}(\Omega(x)) \tag{3-19}$$

$$\Omega(x) = x$$

$$x(t_f = 0) = x_f$$

其中，初始状态 x_0 是独立变量，最终状态是 x_f。动态特性不会导致转换面出现畸形。目标函数 $J(x)$ 的初始状态为 x_0，系统动态特性和终值时间在式（3-19）中给出。通过分析目标函数，得到一个三阶多项式，其中当 $x_0^* = -2.0234$ 时，目标函数值 $J(x_0^*) = 3.4278$ 最小。即：

$$\min J(x) = (x_f - 3)^2 + \int_{t_0}^{t_f} x^2 \mathrm{d}t + \frac{1}{\eta} \int_{t_0}^{t_f} (\alpha_0 z + \alpha_1 (1 - z)) \mathrm{d}t$$

$$\mathrm{s.\,t.\ } \dot{x} = z + 3(1 - z) \tag{3-20}$$

$$0 \leqslant \alpha_0, \alpha_1; z \in [0, 1]$$

$$x(t_f = 2) = x_f$$

为了解决优化问题(3-20)，用有限元组合，将无限维问题转化为有限维问题。罚方法的最优解是 $J(x_0^*) = 3.4235$，$x_0^* = -2.0213$，这些数值与解析解是一致的。

3.4.3.2　考虑互补约束数学规划问题

$$\min x_1^2 + x_2^2 - 4x_1 x_2$$

$$\mathrm{s.\,t.\ } 0 \leqslant x_1, \quad x_2 \geqslant 0 \tag{3-21}$$

式（3-21）的解是（0.0）。相关的罚问题为：

$$\min (x_1^2 - x_2^2) + (\alpha - 4)x_1 x_2$$

$$\mathrm{s.\,t.\ } 0 \leqslant x_1, \quad x_2 \geqslant 0 \tag{3-22}$$

图 3-1 描绘了式(3-21)的互补参数(连续线)和罚参数(虚线)的值。初始罚参数取为 1。

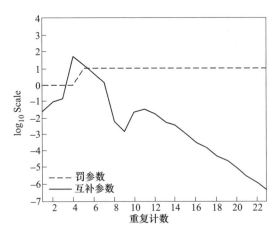

图 3-1　罚参数与互补参数的变化

罚方法是为带互补约束的数学规划设计的。在实际应用中，互补约束的规律很难找到，对退行性非线性规划而言，本罚方法待改进。这里提出的一种松弛方法，称之为平滑重构方法，可用于非线性规划问题的求解。

最优控制的计算方法应用到实际动态系统中，可以达到节能降耗、提高效率的目的。为了克服不等式路径约束带来的困难，提出一种光滑罚函数法。研究结果表明，该方法能够有效地获得物理意义上的解。

3.5 小结

本章讨论了基于机会约束规划的动态优化算法及其求解。由此构成的优化控制系统还应考虑非线性执行阀的补偿。利用时频多尺度分析技术，建立过程在多尺度框架下的统计模型，根据历史运行数据辨识得到执行死区及跃变参数，建立近似执行阀的非线性特性模型，综合已有的非线性过程的控制方法，形成执行阀非线性特性的有效补偿算法，从而形成一个完整的优化控制系统。

参 考 文 献

[1] 赵庆云，王鑫健，唐新平，等. 轻金属冶炼自动化 [M]. 长沙：中南大学出版社，2008.

[2] 胡志坤. 复杂有色金属熔炼过程操作模式智能优化方法研究 [D]. 长沙：中南大学，2005.

[3] 王雅琳. 智能集成建模理论及其在有色冶炼过程优化控制中的应用研究 [D]. 长沙：中南大学，2010.

[4] Srinivasan B. Real-time optimization of dynamic systems using multiple units [J]. International Journal of Robust and Nonlinear Control，2007，17（13）：1183-1193.

[5] Tosukhowong T，Lee J M，Lee J H，et al. Anintroduction to a dynamic plant-wide opti mization strategy for an integrated plant [J]. Computers and Chemical Engineering，2004，29（1）：199-208.

[6] Shapiro A，Dentcheva D，Ruszczynski A. Lectures on stochastic programming：Modeling andtheory [M]. Philadelphia，PA，USA：SIAM，2009.

[7] Arellano Garcia H，Wendt M，Barz T，et al. Closeloop stochastic dynamic optimization under probabilistic output constraints [J]. Lecture Notes in Controland Information Sciences，2007，35（8）：305-315.

[8] Zhao Q D. A quasi-sequential parameter estimation for nonlinear dynamic systems based on multiple data profiles [J]. Korean Journal of Chemical Engineering，2013，30：269-277.

[9] Zhang Y，Monder D，Fraser F J. Realtime optimization under parametric uncertainty：A probability constrained approach [J]. Journal of Process Control，2002，12（3）：373-389.

[10] Kameswaran S，Biegler L T. Simultaneous dynamic optimization strategies：Recent advances and challenges [J]. Computers & Chemical Engineering，2006，30（10）：1560-1575.

[11] Li S Y，Zhang Y，Zhu Q M. Nash-optimization enhanced distributed model predictive control

applied to the Shell benchmark problem [J]. Information Sciences, 2005, 170 (2): 329-349.

[12] Wang Z J, Wu Q D, Chai T Y. Optimalsetting control for complicated industrial processes and its application study [J]. Control Engineering Practice, 2004, 12 (1): 65-74.

[13] 麻倩倩. 一类随机机会约束规划的算法及应用研究 [D]. 北京：华北电力大学，2010.

[14] 刘宝碇，赵瑞清，王纲. 不确定规划及应用 [M]. 北京：清华大学出版社，2009.

[15] 肖宁. 求解随机机会约束规划的混合智能算法 [J]. 计算机工程与应用，2010，46 (22): 43-46.

[16] 张艳，丁茂森，毛宏燕. 基于机会约束规划的生产全过程实时优化 [J]. 上海交通大学学报，2011，45 (7): 975-979.

[17] 段富，杨茸. 求解随机机会约束规划的混合智能算法及应用 [J]. 计算机应用，2012，32 (8): 2230-2234.

[18] 张化杰，孙力，陆雪峰. 应用带补偿的机会约束规划策略优化精馏过程的研究 [J]. 计算机与应用化学，2010，27 (10): 1425-1428.

[19] Geletu A, Hoffmann A, Kloppel M. Monotony analysis and sparse-grid integration for nonlinear chance constrained process optimization [J]. Engineering Optimization 2011, 43: 1019-1041.

[20] Zhang H. Chance constrained programming for optimal power flow under uncertainty [J]. IEEE Transactions on Power Systems, 2011, 26: 2417-2424.

[21] Geletu A, Kloppet M, Zhang H. Advances and applications of chance-constrained approaches to systems optimization under uncertainty [J]. International Journal of Systems Science, 2012, 67: 310-318.

[22] Klöppel M, Geletu A, Hoffmann A. Using sparse-grid methods to improve computation efficiency in solving dynamic nonlinear chance-constrained optimization problems [J]. Industrial & Engineering Chemistry Research, 2011, 50: 5693-5704.

[23] Geletu A, Hoffmann A. Analytic approximation and differentiability of joint chance constraints [J]. Optimization, 2019, 68 (10): 1985-2023.

[24] Zhang Y, Nadler D, Forbes F J. Results analysis for trust constrained realtime optimization [J]. Journal of Process Control, 2001, 11 (3): 329-341.

4 氧化铝生产原矿浆配料过程模糊预测算法

拜耳法氧化铝生产中原矿浆制备的混料配制是根据化学分子式将破碎的铝土矿、石灰石、循环母液按照一定的比例配比。整个配料是一个复杂的多变量系统，具有非线性、大滞后性、时变性的特点，且受各种干扰因素的影响很大，同时矿浆细度因为无法在线实时测量，又决定了无法实时调节工艺参数，从而造成能耗浪费。模糊预测是解决原矿浆混料配制有效的优化控制方法。为了在优化过程中充分考虑物料参数不确定性的影响，提高优化结果鲁棒性，本章讨论模糊预测算法策略及应用。

4.1 引言

配料过程广泛存在于冶金、化工、水泥、电力、钢铁等许多流程工业中，其实质是将各种原料按一定的配比进行混合，配制满足生产指标要求的混合物料，保证后续生产的稳定运行，以提高产品的质量和产量，降低生产成本。有效地实现配料过程的优化控制，对企业节能降耗、增产增效、提高企业竞争力和可持续发展能力都具有重要的作用。因此，配料过程的优化控制在各个行业已经得到了广泛的研究和应用。

线性规划是配料过程常用的优化方法，该方法仅能够有效、高精度地解决小规模线性配料过程的优化问题[1]。对于大规模、非线性的配料过程，可以首先根据过程和配料的要求建立非线性规划模型，然后再采用智能方法实现优化问题的快速、有效求解，以满足过程优化的实时性要求[2~10]。因此针对复杂生产过程难以建立解析规划模型的问题，神经网络、专家系统、遗传算法、粒子群算法等智能方法的综合以及传统方法的集成等诸多方法应运而生，并且已在钢铁、冶金、石油等许多的配料过程中得到了成功应用[11~19]。文献[2]针对铅锌烧结配料过程，基于统计数据和经验知识，建立了预测成分的机理模型、神经网络定量模型，在此基础上，应用一种专家推理方法解决了铅锌烧结配料优化问题。文献[3，4]利用神经网络建立了石油行业中配料过程的数学模型，研究配料产品的各项质量指标值，利用实时优化控制方法得出参与配料的各种原料的数量。文献[5]利用神经网络预测烧结矿的质量指标，根据预测的结果利用专家规则得出各种原料之间的配比。显然，这些智能方法已在配料过程的优化和控制中发挥了重要的作用，但这些方法的实现主要是以过程信息可实时确定为前提，并且对于一些较复杂的配料过程，往往难以用确定的数学模型进行描述，从而限制了这些方法的应用。

实际上，大多数配料过程的原料成分参数都存在不同程度的时变性和不确定性。拜耳法氧化铝生产中，原矿浆配料就是一个复杂的多变量系统，具有非线性、大滞后性、时变性的特点，且受各种干扰因素的影响很大，同时矿浆细度因为无法在线实时测量，又决定了无法实时调节工艺参数[6,7]。模糊预测是解决原矿浆混料配制有效的优化控制方法[8]。为了在优化过程中充分考虑物料参数不确定性的影响，提高优化结果鲁棒性，本章讨论模糊预测算法策略及应用。

4.2 工艺流程

4.2.1 原矿浆制备工艺

原矿浆是将铝矿石配入一定量的石灰和苛性碱液（循环母液+补充氢氧化钠）通过湿磨制成的，是为进行高压溶出铝酸钠溶液而制备的浆液。原矿浆制备是氧化铝生产的第一道工序。所谓的原矿浆制备，就是把拜耳法生产氧化铝所用的原料，如铝土矿、石灰、铝酸钠溶液等按照一定的比例配制出化学成分、物理性能都符合溶出要求的原矿浆。对原矿浆制备的要求是：

（1）参与化学反应的物料要有一定的细度；

（2）参与化学反应的物质之间要有一定的配比；

（3）参与化学反应的物质之间要均匀混合。

原矿浆制备在氧化铝生产中有着重要作用。原矿浆的制备要经过铝矿石破碎、配矿、入磨配料、湿磨等几道工序完成。

4.2.1.1 破碎

从矿山开采出的铝矿石要经过粗碎、中碎、细碎等三段破碎才能达到矿石入磨的粒度要求。粗碎和中碎在矿山进行，细碎则在厂内进行。

粗碎：将直径1500~500mm的矿石破碎到400~125mm。常用破碎设备为旋回式圆锥破碎机或颚式破碎机。

中碎：将直径400~125mm的矿石破碎到100~25mm。常用破碎设备为标准型圆锥破碎机或颚式破碎机。

细碎：将直径 100~25mm 的矿石破碎到 25~5mm。常用破碎设备为短头型圆锥破碎机。

近年来，中碎和细碎也有用反击式破碎机。

4.2.1.2　配矿

配矿就是把已知成分但有差异的几部分铝土矿根据生产需要，按比例混合均匀，使进入流程中的铝矿石的铝硅比和氧化铝、氧化铁含量符合生产要求。

A　配矿的方法

配矿是配料工作的第一步，它是调整进入生产流程中铝土矿的铝硅比和铝矿石中的氧化铝、氧化铁含量的过程。配矿工作是在破碎后的铝矿石被送到碎矿堆场分别堆放后开始进行，根据各小区碎矿的成分，按照生产上对铝矿石铝硅比和成分的要求，将参与配矿的各小区的矿石按比例均匀地堆放在几个大区里。每个大区的存矿量应有 10 天左右的需用量，以保证有配好的矿区和正在使用的矿区以及正在配料的矿区，不至于造成配矿过程的混乱。

配矿的方法根据所用设备的不同分为：吊车配矿、推土机配矿、贮罐配矿以及先进的堆取机配矿等方法。前三种配矿方法已逐渐被堆取料机配矿所取代。堆取料机是将吊车、推土机和皮带输送机的功能合在一起的先进设备。目前氧化铝厂都采用了这种设备进行配矿。

B　配矿计算

由于各供矿点供应的铝矿石成分波动较大，因此，根据铝矿石的地址资料，一般将碎矿堆场分成四个小区（1、2、3、4）和三个大区（A、B、C）。每一小区的堆矿量为每一个班用的破碎量，每三个小区可配成一个大区。

破碎工序应根据矿山供矿的成分分析，原则上在破碎后按成分的不同分堆堆放。经四个班以后，将四小区分别堆满。然后根据各小区矿的成分通过算术平均法算出哪几个小区所组成的混矿合格，从而将这几个小区的矿按配矿比例均匀地撒到一个大区里准备使用。这样三个大区周期性循环使用，从而保证了生产使用的是较为稳定的合格矿石。

配矿计算如下。设两种铝土矿的成分如表 4-1 所示。

表 4-1　铝土矿成分

成分	$Al_2O_3/\%$	$SiO_2/\%$	$Fe_2O_3/\%$	A/S
第一种	A_1	S_1	F_1	K_1
第二种	A_2	S_2	F_2	K_2

若要求混矿的 A/S 为 K ，则上述两种矿石的成分必须满足 $K_1<K<K_2$ 或 $K_1>K>K_2$ ，否则就达不到混矿要求。

设第一种矿石用 1t 时，需配入第二种矿石 xt ，则可根据铝硅比定义求出 x ：

$$K = \frac{A_1 + A_2 x}{S_1 + S_2 x} \tag{4-1}$$

$$x = \frac{A_1 - KS_1}{K_2 S - A_2} \tag{4-2}$$

计算出 x 后，即可求出混矿的化学成分为：

Al_2O_3 ：
$$\frac{A_1 + A_2 x}{1 + x} \times 100\% \tag{4-3}$$

SiO_2 ：
$$\frac{S_1 + S_2 x}{1 + x} \times 100\% \tag{4-4}$$

Fe_2O_3 ：
$$\frac{F_1 + F_2 x}{1 + x} \times 100\% \tag{4-5}$$

4.2.1.3　拜耳法配料

拜耳法配料就是为满足在一定溶出条件下，达到技术规程所规定的氧化铝溶出率和溶出液苛性比值，而对原矿浆的成分进行调配的工作。拜耳法配料指标是指配苛性碱量、石灰量和原矿浆液固比。

A　配碱量

单位矿石所需用的循环母液量叫作配碱量。配碱量就是配苛性碱量，要考虑以下 3 个方面的需求：

（1）溶出液要有一定的苛性比值；

（2）氧化硅生成含水硅铝酸钠；

（3）溶出过程中由于反苛化反应和机械损失的苛性氧化钠。

在生产实际中，配量时加入的碱并不是纯苛性氧化钠，而是生产中返回的循环母液。循环母液中除苛性氧化钠外，还有氧化铝、碳酸钠和硫酸钠等成分。所以在循环母液中有一部分苛性氧化钠与母液本身的氧化铝结合，成为惰性碱。剩下的部分才是游离苛性氧化钠，它对配料才是有效的。

B　石灰配入量

满足生成（$2CaO \cdot TiO_2$）的单位矿石所需用的石灰量叫作配石灰量。拜耳法配量配入的石灰数量是以铝土矿中所含氧化钛（TiO_2）的数量来确定的。按其反应式要求氧化钙与氧化钛的量之比为 2.0。因此 1t 铝土矿中石灰配入量 W 为：

$$W = 20 \times \frac{56}{80} \times \frac{T}{C} = 1.4 \times \frac{T}{C} \tag{4-6}$$

式中　T——铝矿石中 TiO_2 的质量分数，%；

　　　C——石灰中 CaO 的质量分数，%；

　56，80——分别为 CaO 和 TiO_2 的摩尔质量，g/mol。

　　C　液固比计算

　　在生产中，矿石、石灰和母液的配入量计算好后，矿石和石灰通过电子皮带秤计量后加入磨机，配碱量是通过控制循环母液下料量来进行配碱操作。循环母液的下料量是用同位素密度计自动测定原矿浆液固比，再根据原矿浆液固比的波动来调节母液的加入量。

　　液固比（L/S）是指原矿浆中溶液质量与固体质量的比值。其计算公式如下：

$$L/S = \frac{V\rho_L}{1000 + W} \tag{4-7}$$

式中　L/S——原矿浆液固比；

　　　V——1t 铝土矿应配入的循环母液量，m^3/t；

　　　ρ_L——循环母液的密度，kg/m^3；

　　1000——1t 铝土矿，kg；

　　　W——1t 铝土矿中需要配入的石灰量，kg。

4.2.1.4　湿磨

　　原矿浆的磨制是指通过磨机将细碎后的矿石进一步变细，并能达到进行溶出化学反应要求粒度的工序。在拜耳法氧化铝生产中，原料制备工序，将均化矿石与石灰、循环碱液一起进入磨机内进行混合湿磨得到合格的原矿浆，因此这道工序也是拜耳法氧化铝生产的配料工序。磨机所用设备一般为棒磨+球磨或球磨机。图 4-1 为原矿浆的磨制流程。

4.2.2　工艺流程

　　湿磨工序流程概述为铝矿、石灰、合格碱液按一定的配料比例，加入棒磨机内，利用旋转的磨机带起的钢棒落下时所产生的冲击力和棒与棒相对滚动所形成的磨剥力，使铝矿、石灰得到充分磨制。经充分磨制后得到的矿浆进入中间槽，通过中间泵到旋流器内，利用不同细度矿粒在旋流器内旋转所形成的离心力的大

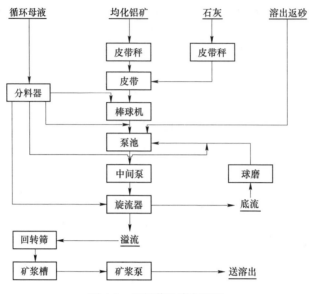

图 4-1 原料浆的磨制流程

小不同实现细度分级。细度不合格的矿浆（底流）从排沙嘴，通过管道送到球磨机内，利用球磨机旋转带起的钢棒滚落时所产生的磨剥和冲击力，对矿浆进行细磨，磨出的矿浆再进入到中间槽内和棒磨机磨出的矿浆混合后再通过中间泵打到旋流器进行细度分级。合格的矿浆（溢流）通过管道流到回转筛，把一些旋流器无法筛选的碎布、木炭、焦炭等较轻的杂物筛除后进入矿浆槽，进行溶出作业。图 4-2 为湿磨工段的工艺流程图。

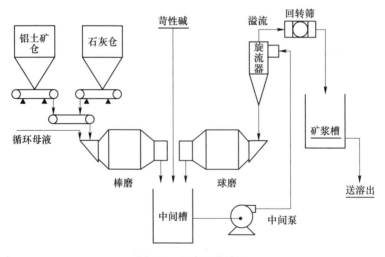

图 4-2 湿磨工艺流程

4.2.3 配料过程特点

拜耳法氧化铝生产中原矿浆制备工序是将从矿山破碎后的铝矿石，经过布料均化堆场输送到原料磨机矿仓，与来自石灰制备系统的石灰和蒸发工序的循环母液进行配比混合后，进入湿式棒磨机一段研磨。一段研磨后的矿浆通过中间泵打入二段球磨再进行细磨，最终得到符合溶出工序要求的原矿浆。原矿浆制备的混料配制是根据化学分子式将破碎的铝土矿、石灰石、循环母液按照一定的比例配比，铝土矿和石灰石通过电子皮带秤稳定输送到入磨口，给料量的大小由变频调速通过控制实现，而循环母液的调节则通过变频调节循环母液泵的流量实现。二段磨磨矿过程是一个复杂的多变量系统，如何使磨机工作在最佳工作点，受各种因素的制约：磨机内部研磨物质钢球、钢棒及衬板的影响；矿石的性质；下矿量的大小；矿浆细度与产量的要求等。磨机系统具有非线性、大滞后性、时变性的特点，现有控制系统受各种干扰因素的影响很大，比如磨机内钢球、钢棒的磨损，衬板的磨损，操作人员不及时调整参数，矿浆细度及产量会波动剧烈，从而影响溶出的效果。这种情况下，操作人员的经验和主观对磨矿效率起着非常重要的作用。而同时矿浆细度因为无法在线实时测量，又决定了无法实时调节工艺参数，磨机效率降低，造成了能耗浪费。

由于原矿浆制备过程具有上述综合复杂特性，目前很难实现配比及时、准确的调整，但是，长期生产过程中保存的大量数据和积累的丰富经验知识又为配料过程优化控制技术的实施提供条件。

4.3 管道化溶出系统原矿浆自动配料

原矿浆配制是拜耳法生产氧化铝的一个重要环节。原矿浆的液固比、细度、氧化钙含量直接影响溶出系统氧化铝溶出率及沉降系统操作，从而影响氧化铝产量及技术经济指标。

4.3.1 原矿浆配料策略

原矿浆配制是将铝土矿、石灰（石灰乳）、循环母液、碱液按比例混合入磨研磨，得到符合溶出系统要求的原矿浆。

基于4.2.1节的内容，溶出1t铝土矿需用循环母液配入量理论计算公式为：

$$V = \frac{0.608\alpha_K(A - S) + 0.608S}{N_K - 0.608\alpha\alpha_K} \tag{4-8}$$

式中 α_K ——溶出液要求的苛性比值；

V——1t 铝土矿需用循环母液量，m^3；

A——1t 铝土矿中氧化铝质量，kg/t；

S——1t 铝土矿中二氧化硅质量，kg/t；

α——循环母液氧化铝浓度，kg/m^3；

N_K——循环母液苛性碱浓度，kg/m^3。

在实际生产中，氧化铝的溶出量一般达不到最大，而氧化钠的理论损失值 $0.608S$ 应用中有偏差，加上考虑氧化钠的机械损失，式（4-8）修正为：

$$V = \frac{0.608\alpha_K A\eta + M(S + S_1) + 1.41C + X}{N_K - 0.608\alpha\alpha_K} \tag{4-9}$$

式中　η——氧化铝溶出率百分值，%；

M——溶出赤泥中氧化钠与二氧化硅的质量比；

S——铝土矿中二氧化硅质量，kg/t；

S_1——石灰中二氧化硅质量，kg/t；

C——铝土矿和石灰中二氧化碳质量，kg/t；

X——磨矿、溶出过程中氧化钠的损失，kg/t。

式（4-9）比式（4-8）更好地反映了循环母液的加入量，但式（4-9）的计算工作量大，生产控制中难以直接应用。

因此，在原矿浆配制生产中，常常采用控制原矿浆液固比（L/S）的方法来调节循环母液配入量。按 1t 铝土矿配入石灰 Wt，循环母液 Vcm^3，则原矿浆的液固比 L/S 为式（4-7），其中，原矿浆液固比与其密度 ρ_P 关系为：

$$\rho_P = \frac{V\rho_L}{L/\rho_L + S/\rho_S} \tag{4-10}$$

式中　ρ_L——原矿浆密度，kg/m^3；

ρ_S——矿石与石灰的密度，kg/m^3。

则原矿浆液固比为：

$$L/S = \frac{\rho_L(\rho_S - \rho_P)}{\rho_S(\rho_P - \rho_L)} \tag{4-11}$$

式（4-11）中矿石和石灰的密度基本不变，因此只要准确测量原矿浆密度、循环母液密度，即可计算液固比 L/S 值。当要求的液固比 L/S 值已知，根据式（4-7），可得到循环母液配入量。

4.3.2　配比控制系统

根据原矿浆生产工艺，将流程分成三个主要配比控制。铝土矿、石灰（石灰乳）配比控制，混母配比控制，磨机配比控制。

4.3.2.1 铝土矿、石灰（石灰乳）配比控制

铝土矿由皮带秤输送到磨机，通过调节皮带秤的速度可改变料量。将料量与设定值比较，建立闭环控制，以保证矿石料量的稳定。

生产中为了消除铝土矿中杂质的影响，加快氧化铝的溶出，在磨机中配入与铝土矿成比例的石灰（石灰乳）。利用荧光分析仪快速测量铝土矿中的杂质（TiO_2、SiO_2）含量，根据化学分子比计算，得到石灰（石灰乳）的配入量。图4-3为铝土矿与石灰乳的配比控制框图。

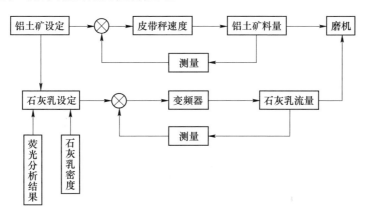

图 4-3 铝土矿、石灰乳配比控制系统框图

4.3.2.2 磨机配比控制

进磨的物料有铝土矿、石灰（石灰乳）、混合母液（简称混母）。根据4.3.2.1节，铝土矿料量、石灰乳流量能够保持稳定。在此基础上，通过混母的加入量达到配碱的目的。

根据式（4-7），原矿浆液固比为：

$$L/S = \frac{V\rho_L}{A + C\rho} \qquad (4-12)$$

式中 　A——入磨铝土矿料量，t/h；

　　　　C——石灰乳流量，m^3/h；

　　　　ρ——石灰乳密度，m^3/kg；

　　　　V——混母配入量，m^3/h。

实际生产中，还需考虑铝土矿中的水分、石灰乳的固含。将上式修改为：

$$L/S = \frac{V\rho_L + A \times 5\% + (C\rho - hC)}{A \times 95\% + C\rho}$$ (4-13)

式中，h 为石灰乳的固含，单位 g/L。

根据式（4-13）计算出的 L/S 值与设定值比较，得到需要调节的混母配入量，从而修改混母。图 4-4 为磨机混母配比系统。

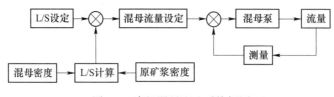

图 4-4 磨机混母配比系统框图

4.3.2.3 混母配比控制

以上的配比计算，离不开混母密度。在管道化原矿浆配制系统中，混母由种分母液、蒸发母液、碱液在混母槽中搅拌混合而成，由混母泵打入磨机。实际生产中，种分母液流量控制不在本工序，可通过检测种分母液流量、密度，碱液流量，控制蒸发母液流量，得到合格密度的混合母液。

设种分母液流量为 L_1，密度为 ρ_1；蒸发母液流量为 L_2，密度为 ρ_2；碱液流量为 L_3，密度为 ρ_3；则混母密度 ρ 计算值为：

$$\rho = \frac{L_1\rho_1 + L_2\rho_2 + L_3\rho_3}{L_1 + L_2 + L_3}$$ (4-14)

蒸发母液流量为：

$$L_2 = \frac{L_1(\rho_1 - \rho)(\rho_3 - \rho)}{\rho - \rho_2}$$ (4-15)

混母密度 ρ 实际值可测量，与要求值比较，根据式（4-15）计算出蒸发母液流量，即得到蒸发母液流量设定值。同时，流入混母槽的所有液体总和不能大于混母泵打入磨机的流量总和 L，即 $L_1 + L_2 + L_3 < L$，$L_2 < L - L_1 - L_2$。图 4-5 为混

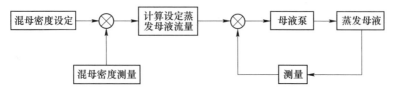

图 4-5 混母配比控制框图

母配比控制系统。

4.3.3 运行情况

5月20日，管道化自动配料投入生产试运行。从5月25日至6月5日管道化矿浆固含中心值±5g/L，合格率为73.98%，5月5日至5月15日合格率为57.1%（图4-6、图4-7）。更重要的是固含的波动范围也缩小。从投用前的每天波动18g/L缩小到13g/L。固含的稳定性大大增强。给后段的二次配料提供了非常良好的外部条件。同时为溶出指标的进一步优化打下了良好的基础。

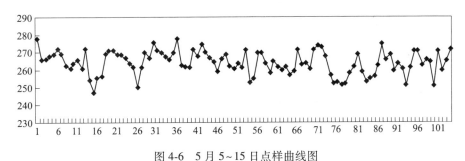

图4-6　5月5~15日点样曲线图

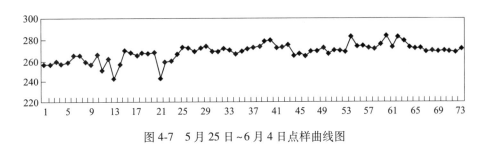

图4-7　5月25日~6月4日点样曲线图

4.4 原矿浆配料过程模糊预测方法

针对氧化铝原矿浆制备的混料配制过程，提出一种多输入多输出模糊预测控制策略。模糊模型用于描述配料过程的非线性动态特性，模糊规则将非线性系统划分为多个局部子线性模型。采用多步线性化模型构成多步预报器，以提高预测控制性能。将预测控制中的非线性优化问题转化为线性二次寻优问题求解。氧化铝原矿浆制备的混料配制系统仿真结果表明，模糊预测控制可在满足一定溶出条件下对原矿浆的成分进行调配，达到技术规程所规定的氧化铝溶出率和溶出液苛性比值，从而有利于后续生产的稳定运行。

模糊模型本质上是一种非线性模型，可以任意精度逼近任何非线性系统。因此，模糊模型作为非线性预测控制的预测模型，即模糊预测控制，近年来已成为预测控制研究的热点[20~23]。本节采用模糊模型来描述对象的非线性动态特性，其每一个条规则的结论部分是一个线性模型，对应于对象在该工作点附近的动态特性。这样使得模型的全局输出具有良好的数学表达特性，便于采用线性控制策略对非线性系统进行控制。在此基础上，采用模糊模型的非线性预测控制策略，通过将模糊模型的预报输出反馈作为模型的输入，构成模糊多步预报器，进行长期预报。这种模糊多步预报器可以看作一个线性时变系统，从而将非线性预测控制策略中的非线性规划问题转化为线性二次规划问题，由于采用了多步预报，因而大大减少了在线优化计算工作量，有利于工程实施。

4.4.1　模糊建模

4.4.1.1　模糊预测控制系统结构

MIMO 动态过程用非线性向量函数描述如下：

$$y(k+1) = f[y(k),\cdots,y(k-n_a+1),u(k-n_d),\cdots,u(k-n_b-n_d+1)]$$

$$(4\text{-}16)$$

式中，f 表示非线性模型；$y = [y_1,\cdots,y_{n_y}]^T$；$u = [u_1,\cdots,u_{n_u}]^T n_u$；$n_y$ 是输入输出的维数；n_b、n_a 是输入输出的阶数；n_d 是输出输入滞后。

基于模糊规则建立多个线性子模型构成多模型集合来近似非线性动态特征，将模糊模型切入常规的线性预测控制中形成模糊预测控制，以有效解决非线性问题。

构造线性子模型：

$$y(k+1) = \sum_{i=1}^{c} \varepsilon_i(x(k)) \Big[\sum_{j=1}^{n_a} A_j^i y(k-j+1) + \sum_{j=1}^{n_b} B_j^i u(k-j-n_d+1) + c^i \Big]$$

$$(4\text{-}17)$$

式中，$\varepsilon_i(x(k))$ 函数描述 $i=1,2,\cdots,c$ 个子线性模型的工作区域，$x = [x_1,\cdots,x_n]^T$ 是工况参数，且：

$$x(k) = [y_1(k),\cdots,y_1(k-n_a+1),\cdots,y_{n_y}(k-n_a+1),$$
$$u_1(k-n_d),\cdots,u_{n_u}(k-n_b-n_d+1)]$$

$$(4\text{-}18)$$

模型的参数向量 $\theta_i = [A_j^i, B_j^i, c^i]$，模型的阶 n_a、n_b 和滞后 n_d 可通过实验或输入输出数据辨识获得。

4.4.1.2 模糊模型

局部模型的参数集 $\theta_i = \{A_j^i, B_j^i, c^i\}$。由于 n_a 和 n_b 表示输出输入的最大滞后。n_d 是最小离散死区时间。滞后通过单输入输出系统中 A_j^i 和 B_j^i 矩阵的相关元素归零来处理。如果没有关于非线性系统阶数的先验知识，则可以直接从输入输出数据中估计模型阶数和时滞。该框架的主要优点是它的透明性，因为局部模型的运行状态可以用模糊集来表示[22]。这种表示方法很实用，因为许多系统都会随着操作点的变化而平稳地改变工况，模糊集表示方法引入的机制之间的软转换适应这一特性。

局部子模型的工作区域根据模糊规则来划分，典型的模糊规则形式为

$$R_i : \text{if } x_1 \text{ is } A_{i,1} \text{ and } \cdots \text{ and } x_n \text{ is } A_{i,n}$$

$$y^i(k+1) = \sum_{j=1}^{n_a} A_j^i y(k-j+1) + \sum_{j=1}^{n_b} B_j^{i_1,\cdots,i_n} u(k-j-n_d+1) + c^i$$

$$(4\text{-}19)$$

式中，R_i 表示第 i 条模糊规则；$A_{i,j}(j=1, 2, \cdots, n)$ 为模糊子集隶属度函数，可以取三角形、梯形或高斯型；y^i 是第 i 条规则的输出。模糊模型规则前件是模糊变量，而规则后件的结论是输入输出的线性函数。

对模糊建模的前件部分参数利用模糊聚类来确定模糊系统的规则数以及高斯型隶属度函数的中心和宽度，对模糊模型的结论部分参数，由常规最小二乘实现辨识。具体实现方法如下：

MIMO 模糊模型的单步预测法：

$$y(k+1) = \sum_{i=1}^{c} \varepsilon_i(x(k)) y^i(k+1) \tag{4-20}$$

式中，c 是模糊规则个数，ρ_i 是 i 个规则的权值。

$$\varepsilon_i(x(k)) = \rho_i \prod_{j=1}^{n} A_{j,i}(x_j) \bigg/ \left(\sum_{i=1}^{c} \rho_i \prod_{j=1}^{n} A_{j,i}(x_j) \right) \tag{4-21}$$

模糊集 $A_{j,i}(x_j)$ 用高斯函数表示为：

$$A_{j,i}(x_j) = \exp[-0.5(x_j - v_{i,j})^2/\sigma_{i,j}^2] \tag{4-22}$$

式中，$v_{i,j}$ 和 $\sigma_{i,j}^2$ 分别表示高斯函数的中心和方差。

上述模糊模型可以看作是多变量线性参数未知系统模型。在 x 工作点，模糊模型表示为以下线性时不变模型：

$$y(k + 1) = \sum_{j=1}^{n_a} A_j y(k - j + 1) + \sum_{j=1}^{n_b} B_j u(k - j - n_d + 1) + c(x(k)) \quad (4\text{-}23)$$

且：

$$A_j(x(k)) = \sum_{i=1}^{c} \varepsilon_i(x(k)) A_j^i$$

$$B_j(x(k)) = \sum_{i=1}^{c} \varepsilon_i(x(k)) B_j^i$$

$$c(x(k)) = \sum_{i=1}^{c} \varepsilon_i(x(k)) c^i$$

4.4.1.3 多变量非线性模型辨识

局部线性模型之间插入的模糊模型，可看作为整个模糊模型的局部动态特性的描述。每个规则的加权最小二乘辨识局部线性模型，得到的规则后件是非线性系统的局部线性化。

通过将模糊模型看作变参数线性系统模型，把系统划分为 c 个加权最小二乘辨识问题，分别估计规则结果的参数。模糊模型可以用以下紧凑形式表示：

$$y(k + 1)^T = \sum_{i=1}^{c} \varepsilon_i(x(k)) [\boldsymbol{\Psi}(k) I_{1 \times n_y}] \boldsymbol{\theta}_i^T + e(k) \quad (4\text{-}24)$$

式中，$\boldsymbol{\Psi}(k)$ 是回归向量，$e(k)$ 是零均值白噪声序列。

$$\boldsymbol{\Psi}(k) = [y(k)^T, \cdots, y(k - n_y + 1)^T, u(k - n_d)^T, \cdots, u(k - n_u - n_d + 1)^T]$$

$$(4\text{-}25)$$

$$\boldsymbol{\theta}_i = [A_1^i, \cdots, A_{n_y}^i, B_1^i, \cdots, B_{n_a}^i, c^i] \quad (4\text{-}26)$$

式中，$\boldsymbol{\theta}_i$ 是第 i 个模型的参数矩阵。

该模型的输出对于 A_j^i、B_j^i、c^i 矩阵向量元素是线性的。因此，使用线性最小二乘技术辨识可得参数 $\boldsymbol{\theta}_i$。

辨识用 N 组数据和模糊规则的真值重写为：

$$\boldsymbol{\Psi} = [\boldsymbol{\Psi}^T(1)\ \boldsymbol{\Psi}^T(2)\ |\ \cdots\ |\ \boldsymbol{\Psi}^T(N)]^T$$
$$Y = [y(2)\ |\ y(3)\ |\ \cdots\ |\ y(N + 1)]^T \quad (4\text{-}27)$$

$$C_i = \begin{bmatrix} \varepsilon_i(1) & 0 & \cdots & 0 \\ 0 & \varepsilon_2(N) & \cdots & 0 \\ \vdots & \vdots & \ddots & \vdots \\ 0 & 0 & \cdots & \varepsilon_i(N) \end{bmatrix} \quad (4\text{-}28)$$

辨识参数的加权最小二乘解为：

$$\boldsymbol{\theta}_i = \left[\boldsymbol{\Psi}^{\mathrm{T}} \boldsymbol{C}_i \boldsymbol{\Psi}\right]^{\mathrm{T}} \boldsymbol{\Psi}^{\mathrm{T}} \boldsymbol{G}_i Y \tag{4-29}$$

4.4.1.4 多变量过程辨识聚类分析

A 问题描述

4.3.1.2 节说明了当给定前件隶属度函数（规则权重）时，如何用加权最小二乘法识别模型的后件部分。模糊模型辨识的难点在于模糊模型需要用非线性优化的数据激活。为此，通常采用启发式方法，模糊聚类是其中一种方法。聚的目的是将辨识数据 Z 划分为 c 个簇，其中辨识数据 $Z = \left[\boldsymbol{\Psi}, Y\right]$ 由回归数据矩阵 $\boldsymbol{\Psi}$ 和回归向量 Y 组成。也就是每次观察有 $n_0 \times n_a + n_u \times n_b$ 个被测变量，形成一列向量 $\boldsymbol{Z}_k = \left[\boldsymbol{\Psi}(k) Y(k+1)\right]^{\mathrm{T}}$，其中 k 下标表示 Z 矩阵的第 k 行。为了简单起见，用 $\boldsymbol{Z}_k = \left[\boldsymbol{\Psi}_k y_k\right]$ 表示。聚类得到 Z 数据的模糊部分，用 $\boldsymbol{U} = \left[\mu_{i,k}\right]_{c \times N}$ 矩阵表示，其中，$\mu_{i,k}$ 表示隶属度。

不同的聚类算法产生不同的聚类。大多数情况下，Gustafson-Kessel 聚类算法被用来识别 TS 模型[23]。该算法的一个缺点是只能找到具有相同体积的簇，并且生成的簇不能直接用于形成隶属函数。Gath 和 Geva 聚类（GG）算法不存在这些问题。Gath 和 Geva 将数据设为正态分布的随机变量，并选择具有期望值 ν_i 和协方差矩阵 S_i 的正态（高斯）分布来生成具有先验概率 $p(\eta_i)$ 的数据[23]。为了保持前件空间的划分，可以在模型中使用线性变换的输入变量。但这可能会使规则复杂化。为了形成一个不使用转换输入变量的易于理解的模型，基于高斯混合模型的期望最大化（EM）辨识形成一种新的聚类算法。将其扩展到模糊模型的辨识，每个聚包含输入分布、局部模型和输出分布：

$$h(\boldsymbol{\Psi}, y) = \sum_{i=1}^{c} h(\boldsymbol{\Psi}, y, \rho_i) = \sum_{i=1}^{c} h(\boldsymbol{\Psi}, y \mid \rho_i) \tag{4-30}$$

输入分布参数为高斯分布[23]，类似于多元隶属函数，定义聚类的影响域：

$$h(X \mid \rho_i) = \frac{\exp\left[-0.5(X - v_i^x)^{\mathrm{T}} (S_i^{xx})^{-1} (x - v_i^x)\right]}{(2\pi)^{\frac{n}{2}} \sqrt{\mid S_i^{xx} \mid}} \tag{4-31}$$

输出分布取为：

$$h(Y \mid \rho_i) = \frac{\exp\left[-(y - \boldsymbol{\Psi}^* \boldsymbol{\theta}_i^{\mathrm{T}})^{\mathrm{T}} (S_i^{yy})^{-1} (y - \boldsymbol{\Psi}^* \boldsymbol{\theta}_i^{\mathrm{T}})\right]}{(2\pi)^{\frac{n_0}{2}} \sqrt{\mid S_i^{xx} \mid}} \tag{4-32}$$

协方差矩阵 S^{yy} 和 S^{xx} 分别为：

$$S_i^{xx} = \frac{\sum_{k=1}^{N} (X_k - V_i^x) X_k - V_i^{xT} h(\rho_i \mid Z_k)}{\sum_{k=1}^{N} h(\rho_i \mid Z_k)} \tag{4-33}$$

$$S_i^{yy} = \frac{\sum_{k=1}^{N} (y - \boldsymbol{\Psi}^* \theta_i^T)(y - \boldsymbol{\Psi}^* \theta_i^T)^T h(\rho_i \mid Z_k)}{\sum_{k=1}^{N} h(\rho_i \mid Z_k)} \tag{4-34}$$

式中，$\boldsymbol{\Psi}^* = [\boldsymbol{\Psi}, I_{1 \times n_0}]$ 和 $\boldsymbol{\Psi}_k^* = [\boldsymbol{\Psi}_k, I_{1 \times n_0}]$。

进一步简化模型，$\boldsymbol{S}^{xx}$ 聚类加权协方差矩阵简化为其对角线元素：

$$h(Y \mid \rho_i) = \prod_{j=1}^{n} \frac{1}{\sqrt{2\pi\sigma_{i,j}^2}} \exp\left[-\frac{1}{2} \frac{(x_j - v_{i,j})^2}{\sigma_{i,j}^2}\right] \tag{4-35}$$

模型的辨识是确定聚类参数 $\rho_i = \{h(\rho_i), V_i^x, S_i^{xx}, \theta_i, S_i^{yy}\}$。

B　聚类算法

聚法基于最小化数据点 Z_k 和聚类雏形 ρ_i 之间加权平方距离之和：

$$J(Z, U, \rho) = \sum_{i=1}^{c} \sum_{k=1}^{N} (\mu_{i,k}) D_{i,k}^2(Z_k, \rho_i) \tag{4-36}$$

其中距离度量由两个项组成，并且与数据的概率成反比。第一项基于聚群中心与向量 X 之间的几何距离，第二项表示局部线性模型特性。

$$\frac{1}{D_{i,k}^2(Z_k, \rho_i)} = h(\rho_i) h(X \mid \rho_i) h(y \mid \boldsymbol{\Psi}, \rho_i)$$

$$= \omega_i \exp\left\{-\frac{1}{2} \frac{(x_j - v_{i,j})^2}{\sigma_{i,j}^2} \frac{\exp[-(y - \boldsymbol{\Psi}^* \theta_i^T)^T (S_i^{yy})^{-1} (y - \boldsymbol{\Psi}^* \theta_i^T)]}{(2\pi)^{\frac{n_0}{2}} \sqrt{|S_i^{xx}|}}\right\} \tag{4-37}$$

$\mu_{i,k} = h(\rho_i) \boldsymbol{\Psi}$ 权值表示由第 i 个簇生成 Z_k 输入输出数据的隶属度。

$$h(\rho_i \mid \boldsymbol{\Psi}) = \sum_{i=1}^{c} \frac{h(\boldsymbol{\Psi} \mid \rho_i) h(\rho_i)}{h(\boldsymbol{\Psi})} \tag{4-38}$$

为了能划分模糊空间，隶属度必须满足以下条件：

$$U \in \mathbb{R}^{c \times N} \mid \mu_{i,k} \in [0,1], \forall i,k; \sum_{i=1}^{c} \mu_{i,k} = 1, \forall k; 0 < \sum_{k=1}^{N} \mu_{i,k} < N, \forall i$$

$$\tag{4-39}$$

式（4-37）的最小化表示在式（4-39）约束下的非线性优化问题。

采用优化步骤如下：

初始化分块矩阵 $\boldsymbol{U}=\left[\mu_{i,k}\right]_{c\times DN}$，给定一组数据 Z，指定簇数 c，选择加权指数（通常 $m=2$）和终止差 $\varepsilon>0$，$l=1,2,\cdots$。

步骤 1　计算聚群的参数。

隶属函数中心：

$$V_i^{x(l)}=\dfrac{\sum\limits_{k=1}^{N}\mu_{i,k}^{(l-1)}X_k}{\sum\limits_{k=1}^{N}\mu_{i,k}^{(l-1)}},\ 1\leqslant i\leqslant c \tag{4-40}$$

高斯隶属函数的标准偏差：

$$\sigma_{i,j}^{2(l)}=\dfrac{\sum\limits_{k=1}^{N}\mu_{i,k}^{(l-1)}\left(x_{j,k}-v_{i,j}\right)^2}{\sum\limits_{k=1}^{N}\mu_{i,k}^{(l-1)}} \tag{4-41}$$

局部模型的参数求解式（4-29），其中 $\boldsymbol{C}_i$ 矩阵中的权重为 $\varepsilon_i(k)\mu_{i,k}^{(l-1)}$。局部模型建模误差的协方差式（4-34）。

聚类的先验概率：

$$h(\rho_i)=\dfrac{1}{N}\sum_{k=1}^{N}\mu_{i,k} \tag{4-42}$$

规则的权重：

$$\omega_i=h(\rho_i)\prod_{j=1}^{n}\dfrac{1}{\sqrt{2\pi\sigma_{i,j}^2}} \tag{4-43}$$

步骤 2　通过式（4-37）计算距离值 $D_{i,k}^2(Z_k,\rho_i)$。

步骤 3　更新分块矩阵：

$$\mu_{i,k}^{(l)}=\dfrac{1}{\sum\limits_{j=1}^{c}\left(D_{i,k}(Z_k,\rho_i)/D_{j,k}(Z_k,\rho_i)\right)^{2/(m-1)}},\ 1\leqslant i\leqslant c,1\leqslant k\leqslant N \tag{4-44}$$

直到 $\|U^{(l)}-U^{(l-1)}\|<\varepsilon$。

算法收敛性讨论：

利用拉格朗日乘子理论很容易证明 $D_{i,k}(Z_k, \rho_i) \geqslant 0$，$U^{(l+1)}$ 是函数（4-36）的全局极小值。B 节所提出的迭代算法是一致优化的一个特例，广义收敛理论可用于 $D_{i,k}(Z_k, \rho_i)$ 的选择，这证明迭代序列的任何极限点都是极小化点，或者最坏情况下，也是成本函数 J 的鞍点。在文献 [23] 中的局部收敛结果表明，如果距离度量 $D_{i,k}(Z_k, \rho_i)$ 是非常光滑的，且在 J 的最小值 (U^*, ρ^*) 呈现标准的凸性，那么任何以 $U^{(0)}$ 开始的迭代序列都会收敛到 (U^*, ρ^*)。也就是说存在一个范数 [*] 和常数 $0 < \gamma < 1$ 以及 $l_0 \geqslant 0$，使得对于全部 $l \geqslant l_0$，误差序列 $\{e^l\} = \{[(U^l, \rho^l) - (U^*, \rho^*)]\}$ 满足不等式 $e^{l+1} < \gamma e^l$。

4.4.2　模糊预测算法

取目标函数是预测未来系统输入、输出的函数。系统输出和参考模型之间的偏差包含在目标函数中。二次型目标函数式（4-45）为一种广义预测控制（GPC），它可以在没有约束的情况下解析地求解线性系统。在约束条件下，优化问题是一个凸二次规划（QP）问题，可以有效地进行数值求解。二次型目标函数如下：

$$J = \sum_{i=1}^{H_p} P_i \parallel (r_{k+i} - \hat{y}_{k+i)} \parallel^2 + \sum_{i=1}^{H_c} Q_i \parallel (u_{k+i+1}) \parallel_i^2 \qquad (4\text{-}45)$$

式中，P_i，Q_i 为正定加权矩阵；r 为参考轨迹；$\hat{y}$ 为预测输出；$u(k, \cdots, k + H_p)$ 为控制信号。

当模型为非线性或目标函数不是二次型时，必须求解非线性优化问题。由于计算的复杂性，非线性优化技术通常速度较慢，并且不总是能够找到全局最优解，这些问题在多输入多输出系统情况下变得更糟。为此，讨论线性模型预测控制问题。利用模糊模型对非线性系统进行建模，利用线性结果在每个采样时刻得到一个线性模型。

4.4.2.1　线性状态空间预测控制

在线性预测控制中，使用线性模型作为预测控制信号 $\hat{u}(k, \cdots, k + H_p)$ 的函数预测输出 $\hat{y}$，H_p 是预测范围。对于给定的参考轨迹，将由式（4-45）给出的目标函数最小化。信号 u 可以在控制范围 $H_c(H_c \leqslant H_p)$ 上变化，并且在 H_c 和 H_p 之间保持恒定。状态空间描述中的线性模型由下式给出：

$$x(k + 1) = Ax(k) + Bu(k)$$
$$y(k) = Cx(k) \qquad (4\text{-}46)$$

对于局部线性化系统, 这些方程变成:

$$x(k+1) = x(k) + \boldsymbol{A}^*(x(k) - x_0) + \boldsymbol{B}^*(u(k) - u_0)$$

$$y(k) = \boldsymbol{C}x(k) \tag{4-47}$$

式中, x_0 和 u_0 定义了线性化点。线性算法中使用 $\boldsymbol{A}^*$, $\boldsymbol{B}^*$, $\boldsymbol{C}$ 矩阵。对控制作用 (u, Δu) 和系统输出 (y) 的约束以简单的方式处理。所得到的二次规划 (QP) 问题可以用标准的 MATLAB 函数求解。

4.4.2.2 模糊预测算法

在每个采样时间, $\boldsymbol{A}^*$, $\boldsymbol{B}^*$ 矩阵计算使用模糊逻辑和算子的积计算前件 $\omega_i(x(k))$ 裕量, 可得:

$$y_l(k+1) = \frac{\displaystyle\sum_{i=1}^{K} \omega_{li}(x_l(k)) \cdot y_{li}(k+1)}{\displaystyle\sum_{i=1}^{K_l} \omega_{li}(x_l(k))} \tag{4-48}$$

$$y_l(k+1) = (\zeta_{li}y(k) + \eta_{li}u(k) + \theta_{li}) \tag{4-49}$$

定义 ζ_l^* 和 η_l^*:

$$\zeta_l^* = \frac{\displaystyle\sum_{i=1}^{K} \omega_{li}(x_l(k)) \cdot \zeta_{li}}{\displaystyle\sum_{i=1}^{K_l} \omega_{li}(x_l(k))} \tag{4-50}$$

$$\eta_l^* = \frac{\displaystyle\sum_{i=1}^{K} \omega_{li}(x_l(k)) \cdot \eta_{li}}{\displaystyle\sum_{i=1}^{K_l} \omega_{li}(x_l(k))} \tag{4-51}$$

定义状态空间描述中 x, u 和 y 为:

$$x(k) = [x_1(k), x_1(k-1), \cdots, x_1(k-n_{y1}), \cdots,$$

$$x_{n_0}(k), x_{n_0}(k-1), \cdots, x_{n_0}(k-n_{yn_0})]^{\mathrm{T}} \tag{4-52}$$

$$u(k) = [u_1(k-n_{d1}+1), u_1(k-n_{d1}), \cdots,$$

$$u_1(k-n_{d1}-n_{u1}+1), \cdots, u_{n_i}(k-n_{d_{n_i}}-n_{n_{n_i}}+1)]^{\mathrm{T}} \tag{4-53}$$

$$y(k) = [x_1(k), x_2(k), \cdots, x_{n_0}(k)]^{\mathrm{T}} \tag{4-54}$$

局部线性系统矩阵如下：

A^* 是一个 $\sum\limits_{j=1}^{n_0} n_{yj} \times \sum\limits_{j=1}^{n_0} n_{yj}$ 维矩阵；

B^* 是一个 $\sum\limits_{j=1}^{n_0} n_{yj} \times \sum\limits_{j=1}^{n_i} n_{yj}$ 维矩阵；

C 是一个 $n_0 \times \sum\limits_{j=1}^{n_0} n_{yj}$ 维矩阵。

4.5　小结

　　针对拜耳法生产氧化铝原矿浆制备，提出一种多输入多输出模糊预测控制策略。模糊模型用于描述配料过程的非线性动态特性。模糊模型结构中将多变量过程表示为由局部线性 MIMO-ARX 模型组成的 MIMO 模糊模型。采用一种新的聚类算法对模糊模型的局部模型和前件进行辨识，聚类算法是对与模糊系统辨识相关的非线性优化问题的有效逼近。

　　基于线性化预测控制具有快速计算产生的一次规划问题和有效处理系统及控制约束的优点。线性化的预测控制器具有局部线性化模型，形成一个凸优化问题。未来对这种简单可行方法的研究是更长的控制作用和更宽的预测范围。

参 考 文 献

［1］Sarimveis H, Bafas G. Fuzzy model predictive control of nonlinear processes using genetic algorithms［J］. Fuaay Sets and Systems, 2003, 139（1）：59-80.

［2］蒋继穆. 国内外铅冶炼技术现状和发展趋势［J］. 有色冶金节能, 2013, 3：4-8.

［3］Wen Y, Rubio J J, Morales A. Optimization of crude oil blending with neural networks［C］. Proceedings of the 43rd IEEE Conference on Decision and Control, Nassau, Bahamas, 2004：4903-4908.

［4］Wen Y, Morales A. Neural networks for the optimization of crude oil blending［J］. International Journal of Neural Systems, 2005, 15（5）：377-389.

［5］严爱军, 柴天佑, 岳恒. 竖炉焙烧过程的多变量智能优化控制［J］. 自动化学报, 2006, 32（4）：636-640.

［6］何继平, 卢秀珍. 一种拜耳法生产氧化铝的原矿浆制备方法［J］. 世界有色金属, 2018, （8）：22-23.

［7］张雄, 韦亚香. 拜耳法氧化铝生产节能降耗措施探究［J］. 冶金与材料, 2019, 3：40-42.

［8］阳春华, 谢明, 桂卫华. 铜闪速熔炼过程冰铜品位预测模型的研究与应用［J］. 信息与

控制，2008，37（1）：28-33.

[9] 严爱军，岳恒，赵大勇，等．一类复杂工业过程的智能预报模型及其应用［J］．控制与决策，2005，20（7）：794-797.

[10] 张承慧，曾毅，李希霖．水泥配料过程建模与自校正控制［J］．信息与控制，1995，24（2）：122-128.

[11] 阳春华，谷丽姗，桂卫华．基于改进粒子群算法的整流供电智能优化调度［J］．浙江大学学报（工学版），2007，41（10）：1655-1659.

[12] Shih J S, Christopher F H. Coal blending optimization under uncertainty ［J］. European Journal of Operational Research，1995，83（3）：452-465.

[13] 孔玲爽．氧化铝浆配料过程不确定优化方法研究及应用［D］．长沙：中南大学，2010.

[14] Wang Y L, Ma J, Gui W H, et al. Multi-objective intelligent coordination optimization blending system based on qualitative and quantitative synthetic model ［J］. Journal of Central south University of Technology，2006，13（5）：552-557.

[15] 张杰，王建民，杨志刚，等．模糊神经网络在磨机负荷控制中的应用．仪表技术与传感器，2014（5）：66-68.

[16] 王锡淮，李少远，席裕庚．基于自适应模糊聚类的神经网络软测量建模方法［J］．控制与决策，2004，19（8）：951-953.

[17] 李勇刚，桂卫华，阳春华，等．一种弹性粒子群优化算法［J］．控制与决策，2008，23（1）：95-98.

[18] 贾娟鱼，白晨光，赖宏，等．烧结矿和入炉矿配料的优化及实现［J］．重庆大学学报（自然科学版），2002，25（10）：68-71.

[19] 向齐良，吴敏，侯奔，等．基于成分预测模型的矿石烧结配料专家优化方法［J］．山东大学学报，2005，35（4）：43-47.

[20] Banyasz C, Keviczky L, Istvan V. A novel adaptive control system for raw materials blending ［J］. IEEE Control Systems Magazine，2003，23（1）：87-96.

[21] Gui W H, Wang Y L, Yang C H. Composition-prediction-model-based intelligent optimization for lead-zinc sintering blending process ［J］. Measurement & Control，2007，40（6）：176-181.

[22] 王书斌，胡品慧，林立．基于 T-S 模糊模型的状态反馈预测控制［J］．控制理论与应用，2007，24（5）：819-824.

[23] Babuska R, Roubos J A, Verbruggen H B. Identification of MIMO systems by input-output TS fuzzy models ［C］. Proceedings FUZZ-IEEE'98. Anchorage USA，1998：657-662.

5 铝土矿溶出过程动态结构神经网络自适应控制

在氧化铝拜耳法生产中，高压溶出是极其关键的一道工序。它不仅反映了氧化铝的溶出效果与碱耗，而且对氧化铝后续生产有着极大的影响。高压溶出是一个极其复杂的生产过程，变量多且相互耦合构成一个多变量系统。高压溶出过程中溶出液的苛性比值以及铝土矿氧化铝的溶出率，是两个关键的经济技术指标。本章以氧化铝溶出过程动力学模型为基础，讨论一种非线性系统动态结构的自适应神经网络控制方法。

5.1 引言

铝土矿溶出过程是拜耳法生产氧化铝的关键环节，不仅要把矿石中的 Al_2O_3 尽可能多地溶出来，而且还要得到苛性比值尽可能低的溶出液，为后续工序创造良好的作业条件。高压溶出是一个复杂的多变量系统，具有强非线性、强耦合及不确定性的特点，智能控制方法可在确保系统闭环稳定性的同时满足其动态性能要求[1]。

神经网络是解决不确定非线性系统控制问题的有效工具。早期，神经网络用于逼近不确定未知静态非线性[2]，采用优化技术，如梯度下降法，设计网络的参数以减小逼近误差，但是由于这种方法必须离线训练，限制了其使用范围，特别是在实时性要求较高的控制系统中的应用。自适应神经网络的出现解决了这一问题，这种神经网络可以在线连续调节网络参数，以达到最佳的逼近精度。近年来，自适应神经网络被广泛应用到非线性系统控制设计中[3~8]，其网络参数可以根据所选择的适当的自适应更新规则在线调节以实时逼近不确定非线性函数。通过李雅普诺夫方法，可以证明自适应神经网络控制能够保证系统闭环稳定。研究表明[7]，自适应神经网络的逼近误差直接引起控制中的跟踪误差，因此精确的函数逼近是实现理想控制性能的关键因素。理论上，输入变量定义在一个紧集上的神经网络能够以任意指定的精度逼近一个连续函数[9]，但是网络的初始化、参数调节规律、拓扑结构等多方面的设定不当都可能造成网络的固有误差。对于自适应神经网络，虽然其网络参数的自适应更新规则可以通过李雅普诺夫性能函数进行合理的设计，但如何选择一个适当的网络结构以满足精度要求还是一个没有完全解决的问题。通常是采用检验误差的方法进行结构自适应调节，以提高函数的逼近精度。神经网络的结构调整是一件比较困难和复杂的事情，因为网络结构的变化会导致网络优化参数集的改变，而理想的网络参数是对优化参数集的逼近，所以，一旦网络结构改变，就需要不断调节网络参数以适应优化参数集的变化，以获得良好的逼近效果。

自适应控制是非线性系统控制中普遍采用的方法，与神经网络的结合使得自适应控制的使用范围更加广泛，特别是对一类复杂的不确定非线性系统可以进行有效的控制，解决了建模误差、非线性、不确定扰动，以及结构故障等因素造成的系统控制困难，确保系统的稳定性和动态控制性能。基于神经网络的自适应控制是一种直接自适应控制方法，因此没有参数辨识的过程，减少了自适应时间，且不存在参数估计收敛性问题，更加适合用在一些实时性要求较高的系统中。其控制器设计方法是以 Lyapunov 稳定性判据为基础，将自适应神经网络嵌入到控制器中，通过构造神经网络的参数自适应更新规则，得到具有自适应参数的控制器。本章提出一种动态结构自适应神经网络，其隐层神经元的参数和个数均可自适应调节，以此获得更好的逼近效果。一般情况下，系统的参数或结构都会受到工作环境的影响，因此，外部扰动是普遍存在的问题，在控制设计过程中必须确保系统具备一定的鲁棒性能。

5.2 拜耳法溶出工艺

溶出工序将来自原矿制备工序的矿浆送入进行脱硅反应的脱硅槽中，矿浆在脱硅槽内逐级溢流确保矿浆有足够的反应时间，由高压喂料泵输送至套管换热器中进行加热，促使矿浆进行溶出反应。套管中加热后的矿浆再被送到保温罐做停留反应，确保溶出反应有足够的时间。完成溶出反应后矿浆进入料浆自蒸发器中，将其中的热量以二次蒸汽的形式闪蒸出来，作为套管换热器预热段的蒸汽热源。经过闪蒸后矿浆完成溶出反应，矿浆的温度和压力下降进入常压的槽罐送至下一生产车间。图 5-1 为高压溶出工艺流程图。

溶出工序的影响因素很多，分析溶出的影响因素对于把握生产流程优化控制指标、降低总体的成本有很重要的意义。

影响溶出工序的主要因素有[11]：

（1）温度。温度是影响化学反应速度的重要因素，也是影响矿浆进行溶出反应的基础性、关键性的因素。提高矿浆溶出时的温度非常有利于矿浆的溶出速度，也就是说，化学反应温度越高，矿浆的化学及其扩散的速度也越快。矿浆温

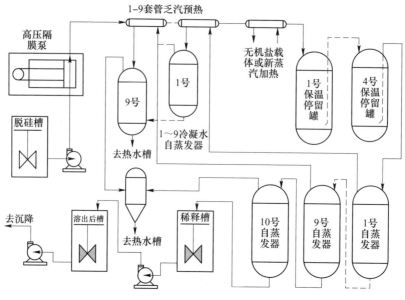

图 5-1　高压溶出工艺流程图

度提高后苛性碱的溶解度也会迅速地升高而平衡分子比则会迅速地降低，循环母液的浓度较低时可以得到分子比较低的溶液，有利于提高碱液的循环效率。同时，溶出温度高也能改善矿浆的沉降性能以及赤泥的结构，降低分子比有利于制取砂状氧化铝。虽然提高溶出反应温度有利的方面居多，但也导致设备更容易发生故障。

（2）碱液浓度。碱液浓度与矿浆溶出时的温度有非常密切的关系，提高碱液浓度能够提高溶出反应的速度。提高了循环母液中的苛碱浓度，溶液的未饱和度也就会增加，矿浆中的氧化铝溶出反应速度也就得到加快，但是生产实践证明，如果循环母液中的苛碱浓度过高，后续的蒸发工序所需的蒸汽用量就会大幅度升高。因此，提高苛碱浓度对生产成本的控制有一定的负面影响，要整体控制好生产成本，需要从管理角度做好综合性的分析和平衡，以避免产生不良影响。

（3）溶出过程中搅拌强度。搅拌溶出矿浆能够加快溶液中不同成分的混合。对矿浆进行搅拌可以促进溶出反应，同时提高矿浆流动时的湍流，这在一定程度上也延缓了槽罐内的结疤生成速度。

（4）矿石研磨粒度。矿石的粒度越细，其比表面积越大，与碱液接触的面积也就越大，溶出条件相同的情况下，其接触面积越大越有利于加快反应的速率。但是，矿石的粒度过细也有一定的负面影响，不仅造成后续的赤泥分离洗涤工序产出的赤泥变细，也使得分离洗涤难度增加。

（5）矿浆停留反应时间。矿浆在溶出工序的停留时间与保温罐的容积有直接关系。理论上，只要矿浆中的氧化铝还没有完全溶出，那么溶出反应就依然在继续，因此只要有足够的反应时间，溶出率就会增加。但是，反应的时间延长会导致硅矿物开始大量反应析出，这对氧化铝的溶出反应是不利的，因此矿浆的停留反应时间并非越长越好。

（6）铝土矿矿石结构。根据矿石结构以及其中含有的结晶水数量，可以将铝土矿分为一水硬铝石和一水软铝石以及三水软铝石。矿石结构对溶出反应也有很大的影响，其中一水硬铝石的溶出难度最大，一水软铝石的溶出难度则相对较低，三水软铝石的溶出难度最小。三种结构的矿石对溶出工艺的要求也各有差异，一水硬铝石结构致密，要充分溶出其中的氧化铝需要更高的温度和苛性碱浓度，一水软铝石的溶出要求则相对低一些，三水软铝石的溶出要求最低。三种矿石结构不同，含有的杂质也有所差异，主要以氧化铝水合物为主，并含有一定数量的氧化硅、氧化铁、氧化钛和碳酸盐等有害杂质，这些杂质会在溶出时生成结疤，阻止氧化铝的溶出反应。

（7）矿石中氧化铝含量。氧化铝含量越高则单位数量的矿石产出的氧化铝越多，产生的赤泥和其他杂质的数量也就越少。

氧化铝的溶出工序是拜耳法生产的关键环节，同时溶出反应本身具有一定的复杂性，氧化铝的溶出过程受到矿石本身和一系列的作业条件的影响。要确保生产稳定运行，最大限度地溶出矿石中的氧化铝，就要分析溶出反应过程中的种种因素，优化生产成本和收益，确保生产的经济性。

5.3　溶出过程控制

高压溶出是一个极其复杂的生产过程，需要检测和控制的变量多，例如自蒸发器的压力、预热器温度、溶出器的压力和温度以及液位、矿浆流量以及蒸汽缓冲器压力等，它们又相互耦合构成一个复杂的多变量系统。高压溶出控制系统将影响氧化铝溶出率和溶出液苛性比值的主要参数，如溶出温度和压煮器的满罐率（溶出器液位）都稳定在最佳状态，保证高压溶出生产正常稳定运行。根据工艺特点，目前该控制系统主要分为三类：自蒸发器压力控制、溶出温度控制、生产过程操作管理[12]。

（1）自蒸发器压力控制。原矿浆由自蒸发器乏汽预热、以提高原矿浆温度，尽可能减少压煮器使用新蒸汽。预热器的热源来自自蒸发器的乏汽，利用乏汽对原矿浆进行间接加热，对原矿浆溶液中苛性碱的浓度没有影响。为了既充分利用乏汽，节约能耗，又保证自蒸发器正常工况，选择自蒸发器的压力作为被控物理量，预热器温度作为该子系统被监测的辅助变量，用于监视管道管壁结疤情况。

（2）溶出温度控制。溶出温度是影响溶出过程的主要因素。溶出温度受新蒸汽压力、预热器出口温度、矿浆的流量、溶出器液位、溶出器之间的压差等因素的影响，被控对象是一个具有纯时延、大惯性、时变、非线性，并有随机扰动的复杂对象。根据溶出反应的溶出速度数学模型，溶出速度与溶出温度成正比，提高温度，铝土矿在碱溶液中的溶解度显著增大，溶出反应速度以及碱溶液与反应产物的扩散速度也会增加，而且溶液的平衡摩尔比明显降低，使用浓度较低的母液就能得到低摩尔比的溶出液，有利于制取砂状氧化铝[5]。通常情况下矿浆温度超过300℃时，即便最难溶出的一水硬铝石也会在十几分钟内完成溶出过程，而溶出反应的试验数据显示，当矿浆的温度升高10℃时，矿浆的溶出反应速度会加快1.5倍，矿浆温度提高后苛性碱的溶解度也会迅速地升高，而平衡分子比则会迅速地降低。循环母液的浓度较低时可以得到分子比较低的溶液，有利于提高碱液的循环效率，同时溶出温度高也能改善矿浆的沉降性能以及赤泥的结构，降低分子比有利于制取砂状氧化铝。

由此可见，溶出温度对氧化铝的溶出率影响很大，保持溶出温度稳定是提高溶出率的关键之一。

（3）生产过程操作管理。系统完成生产工艺流程图动态显示，检测信号实时显示，工艺及电气设备运行状态显示；专家指导操作，主要包括液位指导操作、蒸汽缓冲器压力报警、溶出器压差操作指导等；实现控制参数调整。

5.4　氧化铝溶出过程动力学模型

铝土矿溶解于铝酸钠溶液中的反应过程属于液-固反应。液-固非均相反应是冶金领域重要的反应类型之一，其反应过程的动力学模型很多，其中应用最为广泛的是未反应核模型（Unreacted Core Model）[9]。未反应核模型诠释了反应过程的五个步骤：（1）液态反应物由溶液主体通过液相边界层扩散至固体颗粒表面；（2）液态反应物通过固体产物层（灰层）内扩散至未反应核表层；（3）液态反应物在未反应核表层发生反应；（4）液态生成物通过固体产物层内扩散至固体外表面；（5）液态生成物扩散至溶液主体。

假设铝土矿的溶出是多孔颗粒溶出，并通过数学模拟分别推导出了低温区、中温区以及高温区的铝土矿溶出过程的动力学模型。当溶出温度较低时，化学反应的速度要比传质速度和孔隙扩散慢得多，液相反应物的离子能够扩散到颗粒内而不至于被消耗完，得到的反应速率方程为：

$$\frac{dC_{Al}}{dx} = k_+ \left(C_{OH} - \frac{C_{Al}}{k} \right) \tag{5-1}$$

在溶出中温区，化学反应速度增加，溶液中反应物离子渗透到铝土矿颗粒内部的可能性相对减小，孔隙扩散和化学反应在决定溶出过程速度上起着重要作用，外传质和其他步骤相对快得多，反应速率方程为：

$$\frac{\mathrm{d}C_{\mathrm{Al}}}{\mathrm{d}x} = \sqrt{(k_+ + k_-)C_{\mathrm{OH}}^2 - 2k_0 C_{\mathrm{OH}}} \tag{5-2}$$

在溶出高温区，铝土矿颗粒表面的化学反应速度急剧增加，液相反应物的离子在穿过滤膜层的瞬间就会与固体反应物发生反应，总的溶出速度受到外传质速度的控制，速率方程可表示为：

$$\frac{\mathrm{d}C_{\mathrm{Al}}}{\mathrm{d}x} = \sqrt{(k_+ + k_-)C_{\mathrm{OH}}^2 - 2k_0 C_{\mathrm{OH}}} + f(k_+ + k_-)C_{\mathrm{OH,s}} - k_1 f \tag{5-3}$$

式中，$C_{\mathrm{OH,s}}$ 为颗粒表面上 OH^- 离子浓度；C_{Al} 为溶液中含 Al 浓度；$C_{\mathrm{Al,s}}$ 为颗粒表面上 Al 浓度；k_+ 和 k_- 分别为铝土矿反应的正、逆反应速度常数；f 为颗粒表面粗糙因子；k_0 为常数。

5.5　非线性系统的自适应动态结构控制

将式（5-1）~式（5-3）重新归整为一类具有任意不确定性的严格反馈非线性系统，探讨了一种基于逆步的控制设计方法。

5.5.1　问题描述

考虑未知非线性系统：

$$\begin{aligned} y(t+1) &= f\left[y(t), \cdots, y(t-i), u(t), \cdots, u(t-j)\right] \\ i &= 1, \cdots, n \quad j = 1, \cdots, m \end{aligned} \tag{5-4}$$

其中，$y(t)$ 是系统输出；$u(t)$ 是系统的输入；$f(\cdots)$ 是未知非线性函数；n 和 m 是系统的已知结构阶。控制算法的目的是选择一个控制信号 $u(t)$，使系统的输出 $y(t)$ 尽可能接近预先设定的设定点 $r(t)$。

图 5-2 为闭环控制系统的总体结构，包括过程系统、估计的前馈神经网络和由优化器实现的控制器。系统采用两层神经网络学习，采用标准的反向传播算法训练权重。第一层的激活函数为双曲正切，第二层的激活函数为线性。

神经网络的输入：

$$p = \left[y(t), \cdots, y(t-i), u(t), \cdots, u(t-j)\right] \tag{5-5}$$

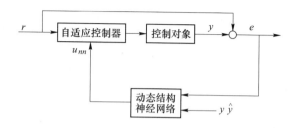

图 5-2   控制系统结构

未知系统（5-4）的神经模型可以表示为：

$$\hat{y}(t+1) = \hat{f}[y(t),\cdots,y(t-i),u(t),\cdots,u(t-j)] \tag{5-6}$$

式中，$\hat{y}(t+1)$ 是神经网络的输出，也是系统（5-4）的预测输出；$\hat{f}$ 是对 f 的估计。

目标函数：

$$J = [y(t+1) - \hat{y}(t+1)]^2 \tag{5-7}$$

5.5.2   自适应算法

为便于计算，取目标函数如下：

$$J = \frac{1}{2}e^2(t+1) \tag{5-8}$$

式中，$e(t+1) = r(t+1) - \hat{y}(t+1)$。

选择控制信号 $u(t)$ 以最小化 J。利用神经网络结构，式（5-6）可以重写为：

$$\hat{y}(t+1) = w_2[\tanh(w_1p + b_1)] + b_2 \tag{5-9}$$

式中，w_1、w_2、b_1 和 b_2 是神经网络的权重和偏差矩阵。

为了最小化，使用梯度下降规则递归计算：

$$u(t+1) = u(t) - \eta\frac{\partial J}{\partial u(t)} \tag{5-10}$$

式中，$\eta>0$，是学习率。可以看出，控制器依赖于神经网络的逼近。因此，有必要渐近地逼近实际系统输出，这可以通过保持神经网络在线训练来实现。对式（5-8）进行微分，得出：

$$\frac{\partial J}{\partial u(t)} = -e(t+1)\frac{\partial \hat{y}(t+1)}{\partial u(t)} \tag{5-11}$$

式中，$\partial\hat{y}(t+1)/\partial u(t)$ 称为神经网络模型相对梯度。把式（5-11）代入式（5-10），

得出：

$$u(t + 1) = u(t) + \eta e(t + 1) \frac{\partial \hat{y}(t + 1)}{\partial u(t)} \qquad (5\text{-}12)$$

用已知的神经网络结构（5-9）分析评估梯度：

$$\frac{\partial \hat{y}(t + 1)}{\partial u(t)} = w_2 [\operatorname{sech}^2(w_1 p + b_1)] w_1 \frac{\mathrm{d}p}{\mathrm{d}u} \qquad (5\text{-}13)$$

式中，

$$\frac{\mathrm{d}p}{\mathrm{d}u} = [0, 0, \cdots, 0, 1, 0, \cdots, 0]' \qquad (5\text{-}14)$$

是输入向量相对导数。从而可得：

$$u(t + 1) = u(t) + \eta e(t + 1) w_2 [\operatorname{sech}^2(w_1 p + b_1)] w_1 \frac{\mathrm{d}p}{\mathrm{d}u} \qquad (5\text{-}15)$$

5.5.3 自适应神经网络控制设计

将隐函数定理、输入-状态稳定性和小增益定理相结合，形成一种适用于系统的稳定自适应神经网络跟踪控制设计技术。由此产生的闭环系统将分为两个子系统：滤波跟踪误差子系统和神经网络权值估计误差子系统。然后，利用小增益定理证明了闭环系统中的所有信号都是半全局一致最终有界的，并且状态跟踪误差在有限时间内收敛到原点的一个小邻域。

在分析了逆误差函数 $\Delta(x, \zeta)$ 的神经网络逼近后，进行了参数更新规律，保证闭环系统中所有信号的极限有界性。给定任意一个 $\Phi_\varepsilon^* > 0$，存在一组理想的神经网络权重 M 和 N，使得 $\Delta(x, \zeta)$ 近似为：

$$\Lambda^{\mathrm{T}} \alpha(\Theta^{\mathrm{T}} \overline{x}) = \Delta(x, \zeta) - e(\overline{x}) \qquad (5\text{-}16)$$

式中，$(x, \zeta) \in D$，$D \subset R^n \times R$。当 $\overline{x} = [x\alpha]^{\mathrm{T}}$，这个近似误差是有界的，$|e(\overline{x})| \leqslant \Phi_\varepsilon^*$。

令 $\hat{\Lambda}$ 和 $\hat{\Theta}$ 分别是 Λ 和 Θ 的估计值，Θ_0 是估计值的初始值。基于这些估计值，假设 u_{ad} 为在线神经网络的输出：

$$u_{\mathrm{ad}} \triangleq \hat{\Lambda}^T \sigma(\hat{\Theta}^T \overline{x}) \qquad (5\text{-}17)$$

则误差动力学可以写为：

$$\dot{e} = Ae - b\{f_u[\hat{\Lambda}^{\mathrm{T}} \alpha(\hat{\Theta}^{\mathrm{T}} \overline{x}) - \Lambda^{\mathrm{T}} \sigma(\Theta^{\mathrm{T}} \overline{x}) + \overline{u} - e(\overline{x})]\} \qquad (5\text{-}18)$$

定义 $\tilde{\Lambda} = \hat{\Lambda} - \Lambda$，$\tilde{\Theta} = \hat{\Theta} - \Theta$。

考虑泰勒级数 $\alpha(\Theta^T\bar{x})$ 展开：

$$\alpha(\Theta^T\bar{x}) = \alpha(\hat{\Theta}^T\bar{x}) - \alpha'(\hat{\Theta}^T\bar{x})\tilde{\Theta}^T\bar{x} + \Theta(\tilde{\Theta}^T\bar{x})^2 \tag{5-19}$$

假设 $z = \Theta^T\bar{x}$ 和 $\hat{z} = \hat{\Theta}^T\bar{x}$，

$$\alpha'(\hat{z}) \triangleq \left.\frac{d\alpha(z)}{dz}\right|_{z=\hat{z}} = \begin{bmatrix} 0 & \cdots & 0 \\ \dfrac{\partial\alpha(z_1)}{\partial z_1} & \cdots & \dfrac{\partial\alpha(z_1)}{\partial z_1} \\ \vdots & \ddots & \vdots \\ \dfrac{\partial\alpha(z_{n_2})}{\partial z_1} & \cdots & \dfrac{\partial\alpha(z_{n_2})}{\partial z_1} \end{bmatrix}_{z=\hat{z}} \tag{5-20}$$

定理 1　考虑 Ω_α 中的紧集 D 和初始条件。反馈控制律为：

$$u = \hat{f}^{-1}(x,\zeta) + u_{\text{ad}} + \bar{u} \tag{5-21}$$

式中，$u_{\text{ad}} = \hat{\Lambda}^T\alpha(\hat{\Theta}^T\bar{x})$，$\bar{u} = \Phi s^* \text{sgn}(2\xi s^*)$，$\upsilon$ 和 $\hat{f}^{-1}$ 是下列适应性规律：

$$\dot{\hat{\Theta}} = G[2\bar{x}\xi\hat{\Lambda}^T\hat{\alpha}' - \lambda_N\|e\|(\hat{\Theta} - \Theta_0)]$$

$$\dot{\hat{\Lambda}} = F[2(\hat{\alpha} - \hat{\alpha}'\Theta'^T\bar{x})\xi - \lambda_M\|e\|(\hat{\Lambda} - \Lambda_0)] \tag{5-22}$$

式中，λ_M、λ_N、$\lambda_\psi > 0$ 保证了闭环系统中的所有信号最终都是有界的。

5.5.4　算例

考虑一个具有以下动力学特性的系统：

$$\dot{x}_1 = x_2 + u$$

$$\dot{x}_2 = -\kappa x_1 + \vartheta x_2 + u + [(x_1^2 + x_2^2)\alpha(u) - \beta x_1^2 x_2] \tag{5-23}$$

$\alpha(u) = (1 - e^{-u})/(1 + e^{-u})$，令 $\hat{f}^{-1}(x, \zeta) = \zeta$，则控制律为：

$$u = \ddot{x}_f + \kappa_d\tilde{x}_2 + \kappa_p\tilde{x}_1 + u_{\text{ad}\partial} + \bar{u} \tag{5-24}$$

式中，动力学中的参数为 $\vartheta = \xi\omega$、$\kappa = \omega^2$ 和 $\beta = |\vartheta|$。

$$x_c = 2\sin(2\pi t) + 5\sin(1.5\pi t) + \sin(1.57\pi t) + 1 \tag{5-25}$$

使用 15 个隐藏层神经元，选择输入向量包含状态和过滤信号，可得如下模拟仿真结果。图 5-3 为神经网络增广控制器的性能。

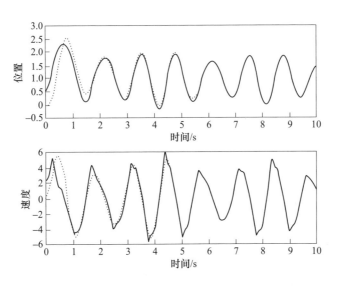

图 5-3　神经网络跟踪性能

图 5-4 和图 5-5 显示了自适应边界增益和幅度函数。可见，在短时间的仿真运行中，没有达到自适应界的稳态值。但较长时间的运行，观察到在所有情况下都趋于稳定。

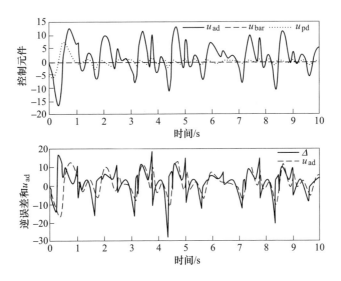

图 5-4　自适应增广控制器的控制和逆误差

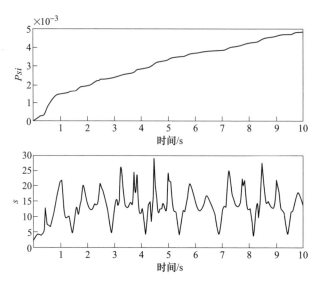

图 5-5　神经网络自适应控制边界情况

5.6　小结

铝土矿溶出工序是生产氧化铝的一道关键环节，主要是将铝土矿中的氧化铝充分溶解而进入铝酸钠溶液中。为了确保整个高压溶出工序的稳定控制和灵活调节，保证生产操作在现有条件下最大限度的优化指标，增加实际的产能，本章将神经网络和自适应控制相结合，提出一种适用于一类复杂非线性系统的基于神经网络的自适应控制方法。根据结构自适应神经网络，采用系统和反向传播训练算法对权重进行训练。将所得到的神经网络估计作为系统的一个已知的非线性动态模型，利用已有的梯度下降规律直接得到控制信号。改进算法可对控制信号的未来值进行更为精确的推导。算例证明了该方法的应用价值。

参 考 文 献

[1] 张敏. 复杂非线性系统的智能自适应控制研究 [D]. 南京：南京航空航天大学，2008.

[2] Poznyak A, Yu W, Sanchez E, et al. Nonlinear adaptive trajectory tracking using dynamic neural network [J]. IEEE Transactions on Neural Networks, 1999, 10 (6)：1402-1411.

[3] Polycarpou M, Mears M. Stable adaptive tracking of uncertain systems using nonlinearly parameterized on-line approximators [J]. International Journal of Control, 1998, 64 (2)：363-384.

[4] Ge S Z, Wang C. Adaptive neural control of uncertain MIMO nonlinear systems [J]. IEEE Trans-

actions on Neural Networks, 2004, 15 (4): 674-692.

[5] Park J, Huh S, Kim S, et al. Direct adaptive controller for nonaffine nonlinear using self-structuring neural networks [J]. IEEE Transactions on Neural Networks, 2004, 15 (3): 414-422.

[6] Hayakawa T, Haddad W, Bailey J, et al. Neural network adaptive control for nonlinear nonnegative dynamical systems [J]. IEEE Transactions on Neural Networks, 2005, 16 (2): 399-413.

[7] Farrell J. On performance evaluation in on-line approximation for control [J]. IEEE Transactions on Neural Networks, 1998, 9 (5): 1001-1007.

[8] Hormik K. Multilayer feedforward networks are universal approximator [J]. Neural Networks, 1989, 2 (5): 359-366.

[9] 张廷安, 鲍丽, 吕国志, 等. 氧化铝溶出过程动力学模型综述 [J]. 中国有色金属, 2011 (S2): 354-357.

[10] 刘亚, 胡寿松. 基于自适应神经网络的不确定非线性系统的模糊跟踪控制 [J]. 控制理论与应用, 2004, 21 (5): 770-775.

[11] 王善涛, 汤志彩. 铝土矿的溶出过程影响因素分析 [J]. 中国金属通报, 2019 (7): 97-98.

[12] 刘业翔, 李劼. 现代铝电解 [M]. 北京: 冶金工业出版社, 2008.

6 铝电解过程操作优化

电解槽是一个复杂的多变量体系，运行状态需要多种参数做综合描述。常用的有两类模型：一类为静态分布参数模型，该类模型逐渐构成现代"物理场"解析理论基础并主要用于电解槽设计；另一类则是用于过程控制的动态集总参数模型。动态集总参数模型的建立遵循减少变数的思想，即尽管电解槽技术条件（状态参数）甚多，但通过创造一个次要因素不变或少变的环境，用调整一两个可变参数达到支配过程整体状态的目的。由此发展起来以槽电阻解析、槽电阻控制（极距调节）以及下料控制为基础的简单模型。但是，这种控制模型的功能是有局限性的。首先，它只能在电解槽状态基本正常时，有效地实施控制；其次，它不能对电解槽的运行状况及其发展趋势做出综合的评判。尽管各种基于槽电阻解析的监控模型通过对槽电阻的解析可以获得槽况是否稳定以及 Al_2O_3 浓度是否正常的实时信息，但这些信息只能片面、零散地反映铝电解槽短期内的运行状态。对电解槽运行状态趋势的评判由现场各级操作管理者进行，现行控制系统被控参数的调节是以人工设定值为目标的，一旦电解槽出现病态槽，便被完全置于操作管理者的手控之中。大多数情况下，操作管理者的个人经验和知识起着决定性的作用。用智能方法模拟大多数操作管理专家的知识，避开烦琐的模型控制，使控制效果最佳，真正实现生产过程的最优控制。

6.1 铝电解过程

现代铝工业生产采用冰晶石-氧化铝融盐电解法。熔融冰晶石是溶剂，氧化铝作为溶质，以炭素体作为阳极，铝液作为阴极，通入强大的直流电后，在920~970℃高温下，在阳极和阴极上发生电化学反应，其过程为：

$$2Al_2O_{3(溶解的)} + 3C_{(固)} \xrightarrow{\quad 直流电 \quad} 4Al_{(液)} + 3CO_{2(一次气体)}$$

电解的结果是阴极上得到熔融铝和阳极上析出 CO_2。由于熔融铝的相对密度大于电解质（冰晶石熔体），因而沉在电解质下部的炭素阴极上。熔融铝定期用真空抬包从槽中抽吸出来，装有金属铝的抬包运往铸造车间，在那里倒入混合炉，进行成分的调配，或者配制合金，或者经过除气和排杂质等净化作业后进行铸锭。槽内排出的气体，通过槽上收尘系统送往干式收尘净化系统中进行处理，达到环境要求后再排放到大气中去。预焙铝电解槽结构如图6-1所示。

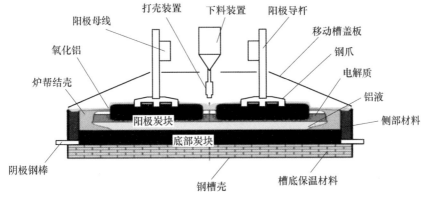

图 6-1　预焙铝电解槽

6.2　铝电解槽的动态平衡

6.2.1　物料平衡

投入到电解槽中的物料总量应与电解槽产出的物料总量保持平衡，才能维持电解槽的平稳运行。以氧化铝的添加与消耗为例：如果加入的氧化铝量小于消耗的氧化铝量，那么电解质中的氧化铝浓度便会降低，当降低到一定程度（达到阳极效应的临界浓度），便会发生阳极效应，电解槽便无法维持正常运行。反之，如果加入的氧化铝量大于消耗的氧化铝量，那么电解质中的氧化铝浓度便会升高，当升高到一定程度（接近电解质中氧化铝的饱和溶解度），氧化铝便会从电解质中析出，沉淀于槽底，而槽底沉淀的大量产生会导致电解槽无法正常运行。

因此，氧化铝原料进料的控制是铝电解槽物料平衡控制的中心内容。如果电解质中的氧化铝浓度能被控制在一个理想的范围，便达到了维持氧化铝物料平衡的目的。

6.2.2　电压平衡

在系列电流不变的情况下，电解槽的电压高低直接决定着电解槽的能量收入，因而也就直接影响到电解槽的能量平衡。改变电解槽电压的最主要手段是调节电解槽的极距来改变电解质的电压降。可见，维持电解槽处在一个理想的电压平衡有重要意义，又对维持合适的极距起决定性的作用。

6.2.3　能量平衡

铝电解槽能量静态分布和动态变化是电解槽工况表现的重要特征。通过铝电解槽能量平衡分析，可以对铝电解槽电能利用率、区域热量分布特征、工艺技术条件和控制操作指导制度的合理性进行分析和科学评估。

电解槽的能量平衡是指单位时间内电解槽中能量的收、支项等。换言之，同一时间内，输入到电解槽的能量只要等于电解槽支出的能量，电解槽的能量才能维持一种平衡状态，电解槽的状态（特别是温度）才能维持稳定。

以电解槽整体作为计算体系，并以电解温度作为计算基础，则输入铝电解槽的电能（记为 EE_s）分配在下列三个方面[1]：（1）加热物料和反应过程所需能量，即理论电耗 EE_t；（2）导线上的电损失量 EE_w；（3）电解槽散热和其他能量损失 EE_l。

当电解槽达到能量平衡时，

$$EE_s = EE_t + EE_w + EE_l \tag{6-1}$$

EE_s 取决于槽电压（V）和系列电流（I），

$$EE_s = VI \tag{6-2}$$

式中，电压的单位为 V；电流为 kA；能量为 kW·h/h。

EE_t 为反应所需的能量（EE_r）与加热物料所需的能量（EE_m）之和：

$$EE_t = EE_r + EE_m = (0.48 + 1.644\eta)I \tag{6-3}$$

其中，在正常电解温度（930~970℃）下，EE_r 与系列电流（I）和电流效率（η）的关系为：

$$EE_r = (0.436 + 1.456\eta)I \tag{6-4}$$

同样加热物料所需的能量为：

$$EE_m = (0.044 + 0.188\eta)I \tag{6-5}$$

另外，EE_w 取决于导电母线的电阻（R_e）和系列电流（I）。导电母线上的电能损失为：

$$EE_w = R_e \cdot I^2 /1000 \tag{6-6}$$

式中，电阻的单位为 μΩ，电流的单位为 kA。

电解槽散热和其他能量损失 EE_l 包含通过电解槽的槽底、侧壁、槽面（炉面）及导线的散热损失。热损失有传导、对流和辐射三种主要形式。根据能量平衡可得电解槽达到平衡时的热损失量，即：

$$EE_1 = EE_s - (EE_s + EE_w) \tag{6-7}$$

将 EE_w 归入到 EE_1 中，则式（6-6）和式（6-7）为：

$$EE_1 = EE_s - EE_t = VI - (0.48 + 1.644\eta)I$$

$$= [V - (0.48 + 1.644\eta)]I \tag{6-8}$$

令：

$$\beta_{hl} = V - (0.48 + 1.644\eta) \tag{6-9}$$

β_{hl} 为电解槽的热损失系数，它代表电解槽处于平衡状态时，单位电流强度（kA）和单位时间（1h）内损失的能量（kW·h）。上式表明热损失系数取决于体系压降和电流效率。

若电解槽的能量平衡被打破，则最直观的现象是电解槽的温度会发生变化。电解槽具有自平衡能力，即电压升高使能量输入大于能量输出，电解槽的温度便会升高。温度升高的结果是电解槽的散热增大，能量支出增大，使电解槽趋于一个新的能量平衡。这种自平衡是由于电解槽炉膛和炉面结壳厚度可随温度变化而改变且槽内熔体处于较强烈的对流状态引起的。但是，如果电解槽的能量平衡被严重打破，那么电解槽就无法尽快恢复一种新的平衡状态，所以电解槽温度需保持在一定的范围内。

6.3 铝电解槽控制分析

铝电解槽控制目的是使电解槽运行在最佳的能量平衡和物料平衡状况下，电解槽通常只有槽电压和系列电流在线检测。为了使电解槽平稳运行，达到节能降耗的目的，对电解槽提出的主要控制策略讨论如下[2]。

6.3.1 槽电压（极距与热平衡）控制策略

槽电压是整个电解槽生产控制过程中的一项核心技术条件，它影响到电解槽极距和热平衡变化，与电流效率、吨铝电耗等重要技术经济指标关系重大。找寻合理的电压控制点，对电解铝生产有着极为重要的意义。

槽电压控制借助于槽电阻来实现。电解槽的槽电阻基本计算式为：

$$V - E = IR \tag{6-10}$$

式中，R 为槽电阻值；V 为单台槽电压值；E 为电解槽反电动势值，E 为常数，一般取 1.6~1.7V 之间；I 为系列电流。

槽电阻控制策略基本原理如下：同步测量出槽电压和系列电流值，通过式（6-10）计算出槽电阻，并与设定槽电阻（R_0）比较，根据结果来控制和调整极距，实现槽电压控制。

6.3.2　氧化铝浓度控制策略

铝电解槽中槽电阻 R、Al_2O_3 浓度的定性关系如图 6-2 所示。由图 6-2 可知，槽电阻 R 在高、中、低 3 个氧化铝浓度区域的变化规律。

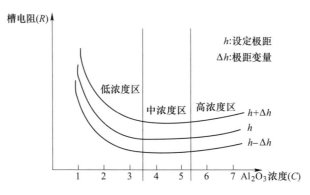

图 6-2　槽电阻（R）与氧化铝浓度（C）的定性关系

（1）低氧化铝浓度区：随着氧化铝浓度的增加，槽电阻 R 在不断下降，随着氧化铝浓度的降低，槽电阻 R 上升。

（2）中氧化铝浓度区：无论氧化铝浓度如何波动，槽电阻 R 均无明显变化。

（3）高氧化铝浓度区：随着氧化铝浓度的不断增加，槽电阻 R 也在不断增加，反之亦然。

在氧化铝低浓度区，槽电阻 R 对氧化铝浓度的敏感程度比在氧化铝高浓度区槽电阻 R 对氧化铝浓度的敏感程度要大。经过大量的实践经验与对氧化铝浓度特征电阻曲线的分析得出：若将氧化铝浓度能稳定地控制在其敏感区范围（1.5%～3.5%），氧化铝浓度变化趋势易于辨识，极大提高系统控制的灵敏性和可靠性，而且可获得较高的电流效率。因此，在氧化铝加料过程中采用欠量下料和过量下料周期交替作业过程，以确保实现氧化铝浓度控制在 1.5%～3.5% 的生产要求。

6.4　电解槽优化操作指导

电解槽运行状态需要多种参数做综合描述。基于模型的控制已用于氧化铝生产过程中，如预测控制、自适应控制、最优控制等，但是，这种控制模型的功能是有局限性的。首先，它只能在电解槽状态基本正常时，有效地实施控制；其次，它不能对电解槽的运行状况及其发展趋势做出综合的评判。尽管各种基于槽电阻解析的监控模型通过对槽电阻的解析可以获得槽况是否稳定以及 Al_2O_3 浓度是否正常的实时信息，但这些信息只能片面、零散地反映铝电解槽短期内的运行状态。对电解槽运行状态趋势的评判由现场各级操作管理者进行。现行控制系统被控参数的调节是以人工设定值为目标的。一旦电解槽出现病态，便被完全置于操作管理者的手控之中。大多数情况下，操作管理者的个人经验和知识起着决定性的作用。用智能方法模拟大多数操作管理专家的知识，避开烦琐的模型控制，使控制效果最佳，真正实现生产过程的最优控制[3~11]。

6.4.1 模糊神经网络模型

6.4.1.1 神经网络基本原理

人工神经网络具有高度并行性、高度非线性、良好的容错性和联想记忆功能以及自适应性等特殊的信息处理功能。人工神经网络模型主要有以下几种：（1）感知器；（2）BP 网络；（3）线性神经网络；（4）Hopefield 型模型；（5）径向基函数网络；（6）自组织网络。利用这些网络模型可实现函数逼近、数据聚类、模式分类、优化计算等功能。

迄今为止，具备不同信息处理能力的神经网络模型多达数十种。目前应用最为广泛的是与误差反向传播算法（Back Propagation Algorithm，简称 BP 算法）相应的网络，称为 BP 网络。这是一种前向无反馈网络，由多层处理单元组成，每层神经元个数不同，通过样本自学习建立网络输入变量和输出变量之间的非线性映射关系。

BP 网络一般由输入层、隐层和输出层组成，隐层可以为一层或多层，每层上的神经元称为节点或单元。标准的 BP 模型由 3 个神经元层次组成，如图 6-3 所示。

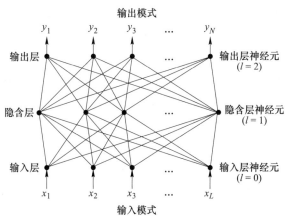

图 6-3 前向多层神经网络（BP 网络）模型

A　BP 网络误差反向传播算法的基本思想

对于三层 BP 网络, 假设输出单元的输出为 o_i, 隐层单元的输出为 ν_j, 输入层单元的输入为 x_k, 输入层与隐层的连接权值为 w_{jk}, 隐层与输出层的连接权值为 w_{ij}。其中 i、j、k 分别表示输出层、隐层与输入层单元的编号。

假设网络的期望输出为 d_i, 那么 BP 网络的学习就是通过调节权值 w 使网络输出 o_i 与期望输出 d_i 之间的误差最小, 从而使网络的输入—输出关系以一定精度逼近期望的输入—输出关系, 实现数学逼近映射。也就是说, 对于一组给定的训练模式, 网络的一组特定权值 w 实现了一定精度的映射, 训练的目的总是希望得到的权值能产生最小的误差和最好的精度。实质上, BP 网络就是一个从输入到输出的高度非线性映射, 从数学意义上说就是利用映射训练样本实现从 n 维欧氏空间的一个子集 A 到 m 维欧氏空间子集 $f[A]$ 的映射, 即 $A \in R^n \rightarrow R^m$。

由于 BP 网络实际上是一个多层感知器的前馈网络, 因此它按照感知器的工作原理进行信息处理。

感知器的信息处理规则为:

$$y(t) = f\big[\sum_{i=1}^n W_i(t)x_i - \theta\big] \tag{6-11}$$

式中, $y(t)$ 为 t 时刻输出; x_i 为输入的一个分量; $W_i(t)$ 为 t 时刻第 i 个输入的加权; θ 为阈值; $f[\cdot]$ 为作用函数。

感知器的学习规则为:

$$W_i(t+1) = W_i(t) + \eta[d - y(t)]x_i \tag{6-12}$$

式中, η 为学习率 $(0 < \eta < 1)$; d 为期望输出; $y(t)$ 为感知器的输出。

感知器通过不断调整权重, 使得 $W_i(i = 1, 2, \cdots, n)$ 对一切样本均保持不变时, 学习过程就结束。BP 网络误差反向传播算法的基本思想是: 根据输出层内各处理单元的正确输出与实际输出之间的误差进行连接权系数的调整, 使网络的输出尽可能接近期望的输出。直到满足事先给定的允许误差, 学习停止。由于隐层的存在, 输出层对产生误差的学习必须通过各层连接权值 $W_i(t)$ 的调整进行。因此, 隐层要能对输出层反传过来的误差进行学习, 这是 BP 网络的一个主要特征。

B　BP 网络的学习算法

设共有 n_u 个训练模式 $(u = 1, 2, \cdots, n_u)$, 则对于给定的第 u 组训练模式, 隐层单元 j 的输入为:

$$h_j^u = \sum_k w_{jk} x_k^u \tag{6-13}$$

由此，隐层单元 j 的相应输出为：

$$v_j^u = f(h_j^u) = f(\sum_k w_{jk}x_k^u) \tag{6-14}$$

则，输出层单元 i 的输入为：

$$h_i^u = \sum_j w_{ij}v_j^u = \sum_j w_{ij}f(\sum_k w_{jk}x_k^u) \tag{6-15}$$

因此，输出层单元 i 的最终输出为：

$$o_i^u = f(h_i^u) = f(\sum_j w_{ij}v_j^u) = f\Big[\sum_j w_{ij}f(\sum_k w_{jk}x_k^u)\Big] \tag{6-16}$$

式中，f 为神经元 j 的传递函数或响应函数，是非线性可微非递减函数，对各神经元可取同一形式。该函数通常有以下几种：

0-1 型： $\qquad f(h) = \begin{cases} 0 & \text{当 } h \leqslant 0 \text{ 时} \\ 1 & \text{当 } h > 0 \text{ 时} \end{cases}$

Sigmoid 型： $\qquad f(h) = 1/[1 + \exp(-h)]$

双曲正切型：$f(h) = \tanh(h) = [\exp(h) - \exp(-h)]/[\exp(h) + \exp(-h)]$
目前用得较多的传递函数是 Sigmoid 型函数或称为 S 型函数。

BP 网络的自学习是通过若干个已知输入和输出的样本，来调整权系数 w 完成的。要求样本 $u(u = 1, 2, \cdots, n_u)$、网络输出 o_i 和样本期望输出 d_i 的差值平方和极小，即：

$$E(w) = \frac{1}{2}\sum_u (d_i^u - o_i^u)^2 \tag{6-17}$$

则：

$$E(w) = \frac{1}{2}\sum_u \{d_i^u - f[\sum_j w_{ij}f(\sum_k w_{jk}\xi_k^u)]\}^2 \tag{6-18}$$

式中，E 是各层权值的连续可微函数。因此，可采用最速梯度下降法调整权值，也即进行误差后向传播过程，这一学习过程具有重要的实际意义，实现了多层前向网络学习的设想。

对于隐层—输出层权值，其最速下降方向（即负梯度方向）为：

$$\Delta w_{ij} = -\eta\frac{\partial E}{\partial w_{ij}} = \eta\sum_u (d_i^u - o_i^u)f'(h_i^u)v_j^u = \eta\sum_u \delta_i^u v_j^u$$

$$\delta_i^u = f'(h_i^u)(d_i^u - o_i^u) \tag{6-19}$$

式中，$(d_i^u - o_i^u)$ 反映了输出单元 i 的误差量，传递函数的导数项 $f'(h_i^u)$ 为按比例减小的误差量。

对于输入层—隐层权值，其最速下降方向可采用求导的链式法则得到，即：

$$\Delta w_{jk} = -\eta \frac{\partial E}{\partial w_{jk}} = -\eta \sum_u \frac{\partial E}{\partial v_j^u} \frac{\partial v_j^u}{\partial w_{jk}} = \eta \sum_u (d_i^u - o_i^u) f'(h_i^u) w_{ij} f'(h_j^u) d_k^u$$

$$= \eta \sum_u \delta_j^u w_{ij} f'(h_j^u) d_k^u = \eta \sum_u \delta_j^u d_k^u$$

$$\delta_j^u = f'(h_j^u) \sum_j w_{ij} \delta_i^u \tag{6-20}$$

隐层单元的误差修正量 δ_j^u 是通过加权求和所有与单元 j 输出相连的上一层单元的误差修正量 δ_i^u，根据传递函数的导数 $f'(h_j^u)$ 按比例减小得到的。

从上述式中可以看出，式（6-19）与式（6-20）形式相同，只是 δ 的定义不同而已。因此，一般地，对于任意层数的网络，误差后向传播规则均可表示成：

$$\Delta w_{pq} = \eta \sum_{\text{patterns}} \delta_{\text{output}} v_{\text{output}} \tag{6-21}$$

式中，patterns 表示训练模式数；output 与 input 分别对应下层 p 和上层 q 的连接。

因此，BP 算法权值修正公式可以统一表示为：

$$w_{pq}(t+1) = w_{pq}(t) + \eta \sum_u \delta_p^u v_q^u \tag{6-22}$$

式中，t 表示第 t 次调整。

在实际应用中，考虑到学习过程的收敛性，学习因子 η 取值越小越好，但 η 值越小，收敛速度越慢；η 值越大，每次权值的改变越剧烈，可能导致学习过程发生振荡。因此，在保证收敛性的前提下，为了使学习因子 η 取值足够大，又不至于产生振荡，通常在权值修正式（6-22）中再加上一个势态项，得：

$$w_{pq}(t+1) = w_{pq}(t) + \eta \sum_u \delta_p^u v_q^u + \alpha [w_{pq}(t) - w_{pq}(t-1)] \tag{6-23}$$

式中，α 为一常数，称为势态因子，或学习惯性系数，它决定上一次学习的权值对本次权值更新的影响程度。

权值修正是在误差后向传播过程中逐层完成的，由输出层误差修正各输出层单元的连接权值，再计算相连隐层的误差量，并修正隐单元连接权值，如此继续，整个网络权值更新一次后，即称网络经过了一个学习周期。要使实际输出模式达到期望输出模式的要求，往往需要经过多个学习周期的迭代。

一般地，BP 学习算法描述为如下步骤：

（1）初始化网络及学习参数，包括网络的初始权矩阵、学习因子 η、势态因子

α 等。

(2) 提供训练模式，训练网络，直到满足学习要求为止。

(3) 前向传播过程：对给定训练模式输入，计算网络的输出模式，并与期望模式比较，若有误差，则执行 (4)；否则，返回 (2)。

(4) 后向传播过程：计算同一层单元的误差 δ_p；采用式 (6-23) 修正权值和阀值；返回 (2)。

实质上，BP 学习算法是一种基于梯度的最优化方法。因此，对于前向神经网络的学习算法，目前已将许多最优化方法引入。其中基于梯度的最优化方法包括：最速下降法、共轭梯度法、拟牛顿法、梯度投影法、变尺度法等，其他许多不需求导的直接方法也大量用于网络的训练，如复形法、遗传算法等。

6.4.1.2 BP 算法的改进

A BP 经典算法的缺陷

BP 模型具有很强的信息处理能力，这是由 BP 学习算法可实现隐层单元的学习来保证的，隐层单元相当于一个个特征抽取器，因而它能解决模式分类、映射及其他模式分析问题。但是，BP 模型还存在下列主要问题：

(1) 学习算法的收敛速度很慢。一个相当简单的问题求解，其训练通常要几百或几千次迭代。

(2) 局部极小问题。从数学角度来看，BP 学习过程是一个非线性优化过程，所以不可避免地会遇到优化过程中最常见的局部极小问题，使学习结果令人不满意。

B 改进算法

由于 BP 经典算法存在以上主要缺陷，致使在应用中经常出现网络收敛速度很慢，甚至不收敛现象。因此，后来在设计网络中采用了多种改进的 BP 算法，其中具有代表性的改进算法有：附加动量法、自适应学习率法和 Levenberg-Marquard 优化方法（简称 LM 算法）。LM 算法是一种类似于拟牛顿法的最优化算法，具有二阶收敛速度，且不需要计算海赛（Hesse）矩阵，是一种专门用于使误差平方和最小化的方法。

由式 (6-17) 可以看出，BP 神经网络的误差函数具有典型的误差平方和形式，设误差平方和为：

$$E = \frac{1}{2} \sum_u \left(\varepsilon^u \right)^2 = \frac{1}{2} \parallel \varepsilon \parallel^2 \tag{6-24}$$

式中，u 为第 u 个样本；ε 是以 ε^u 为元素的向量；ε^u 为网络输出与期望输出的

误差。

假设当前位于 w^k，并向新位置 w^{k+1} 移动，如果移动量（$w^{k+1}-w^k$）很小，则可将 ε 展成一阶 Taylor 级数：

$$\varepsilon(w^{k+1}) = \varepsilon(w^k) + J(w^{k+1} - w^k) \tag{6-25}$$

式中，J 的元素为：

$$(J)_{ui} = \frac{\partial \varepsilon^u}{\partial w_i} \tag{6-26}$$

于是误差函数式（6-24）可写为：

$$E = \frac{1}{2} \parallel \varepsilon(w^k) + J(w^{k+1} - w^k) \parallel^2 \tag{6-27}$$

对 w^{k+1} 求导以使 E 最小，可得：

$$w^{k+1} = w^k - (J^{\mathrm{T}}J)^{-1}J^{\mathrm{T}}\varepsilon(w^k) \tag{6-28}$$

由 E 的表达式（6-24），其海赛矩阵的元素为：

$$H_{ik} = \frac{\partial^2 E}{\partial w_j \partial w_k} = \sum_u \left(\frac{\partial \varepsilon^u}{\partial w_i} \frac{\partial \varepsilon^u}{\partial w_k} + \varepsilon^u \frac{\partial^2 \varepsilon^u}{\partial w_j \partial w_k} \right) \tag{6-29}$$

若忽略其中第 2 项，则海赛矩阵可表示为：

$$H = J^{\mathrm{T}}J \tag{6-30}$$

可见式（6-28）中包含了 H^{-1}，这与牛顿方向是一致的，但式（6-28）给出的步长可能过大，为此把误差表达式改写为：

$$E = \frac{1}{2} \parallel \varepsilon(w^k) + J(w^{k+1} - w^k) \parallel^2 + \mu \parallel w^{k+1} - w^k \parallel^2 \tag{6-31}$$

式中，μ 为参数。

求 E 对 w^{k+1} 的极小点，可得：

$$w^{k+1} = w^k - (J^{\mathrm{T}}J)^{-1}J^{\mathrm{T}}\varepsilon(w^k) \tag{6-32}$$

当 μ 为 0 或很小时，变为牛顿算法，μ 很大则转成为小步长的梯度下降法。实际在计算过程中应调节 μ 的大小，一种常用的方法是开始任意选 μ，如置 $\mu = 0.1$，再每步观察 E 的变化，如果由式（6-32）计算后得到的误差减小，则保留 w^{k+1}，μ 减小 1/10，重复此步骤。如果误差增加，则维持 w^k，且 μ 增大 10 倍，然后再按式（6-32）计算 w^{k+1}，如此重复，直到 E 符合要求。

由于基于 LM 的最优化算法具有计算速度快与精度高的优点，每次迭代后都会使目标函数值减小直至收敛，从而得到局部最优解。

总的来说，BP 网络的训练过程是按照式（6-13）~式（6-16）的正向演算和按式（6-32）的反向权系数修正进行。对所有样本 $u(u = 1, 2, \cdots, n_u)$ 重复上述计算，直至各样本的误差 $E < \varepsilon(\varepsilon$ 为给定的收敛精度要求）时，网络训练结束。

需要指出的是，当选用 0-1 型和 Sigmoid 型传递函数时，网络输出的值域为（0-1），而双曲正切型的值域为（-1, 1），对于超出此区间的样本期望输出，均需做归一化处理。

训练好的 BP 网络已经建立了输入变量与输出变量之间的非线性映射关系，可用于分析电解槽影响因素与槽况之间的关系。该法的特点是具有较好的鲁棒性，对测量结果的微小误差不是很敏感。

6.4.1.3　网络设计和训练

选择 ANN 结构必须保证应用的需要。神经网络对于特定问题的成功应用取决于两个因素：表示法和学习算法。其中网络拓扑结构（隐层数、隐节点数等）和训练参数（学习参数，容许误差等）的选择是相关联的，并且需要通过反向传播学习算法的反复试验才能确定。一个典型的神经网络训练分析法示意图如图 6-4 所示。

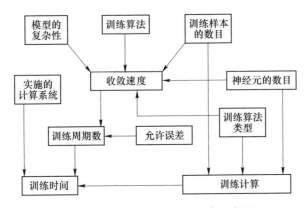

图 6-4　神经网络训练影响因素示意图

网络结构实施问题：

（1）采用单隐层和双隐层结构来说明网络拓扑结构对网络性能的影响。

（2）学习速率 η：学习参数选择的原则是尽可能加快学习速率，通常 η 的值取为 0.9。

（3）容许误差：即平均系统误差 ASE。它对网络学习的迭代收敛有直接的影响。ASE 值越小，迭代次数就越多，收敛所需的时间越长，辨识精度越高。

6.4.2　电解槽槽况诊断与决策系统

由于引起铝电解槽槽况变化的因素很多，且各因素与槽况之间的关系为很复杂的非线性关系，采用电解专家的经验和知识，利用神经网络建立影响因素与槽况调整操作间的非线性输入输出关系[2]。

采用多层前馈 BP 神经网络，槽况诊断系统结构如图 6-5 所示。

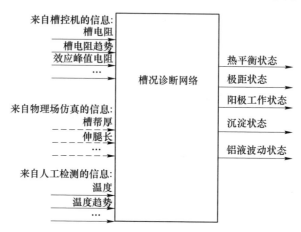

图 6-5　槽况诊断与决策系统的结构示意图

神经网络系统的输入量有：槽电阻、输入功率、槽电阻针振、槽电阻摆动、阳极效应系数、效应峰值电阻、效应功耗、电阻率估值、日阳极净下降、日总下料量；槽帮厚度、槽帮高度、伸腿长度；电解质温度、分子比、电解质高度、铝液高度、炉底压降。系统的输入变量中不仅采用了多种能反映槽况参数的统计平均值，而且还采用了这些参数的变化趋势值，是为了追踪电解槽运行的动态过程。

神经网络系统的输出层对应于电解槽的某一方面的状态，如热平衡状态、极距状态、阳极工作状态、沉淀状态、铝液波动状态。输出变量可取为出铝量、设定电压调整量以及氟化铝添加量等。

根据铝电解专家的经验知识，利用神经网络处理模糊信息的能力，系统对输入和输出数据进行模糊归一化处理，即把各输入输出变量进行模糊化处理，分为若干级，然后再用归一化数值来代表，以便神经网络的处理。归一化处理方式有利于铝电解专家知识的获取。

当铝电解专家用这种归一化值把经验知识表示为槽况诊断调控的样本对时，神经网络就可以通过离线学习，调整网络权值，从这些样本中自动获取专家经验知识。

槽况诊断与决策系统可在在线和离线两种运行方式中灵活地切换。当系统运行于在线方式时，它从数据库中读取某一时段的相关数据，并对它们进行模糊归一化处理，得到网络的输入信息；然后利用网络学习好的权值矩阵进行前向推理计算，得到槽状态判断结果，并输出槽状态信息和出铝量、氟化铝添加量等网络推理决策供电解车间生产人员参考，经适当修正后用于电解槽的生产和操作调整，并且可根据推理决策得到的电压调整量直接调整槽控机中的设定电压参数。当系统运行于离线方式时，网络的所有输入信息均可由操作人员进行修改，其推理决策过程同在线方式，但是推理结果只作为一种辅助决策的信息供操作人员参考，而不直接修改槽控机中的设定电压参数。

6.4.3 基于槽电阻频谱分析的铝电解槽槽况诊断

电解槽的工作状态主要体现在"针振"和"电压摆"，当生产条件不当时，由于槽内熔体受内外作用力影响，电解质与金属铝的液体界面形状发生改变，造成极距的变化而引起槽电压产生周期性波动，这将加剧熔体对电解槽侧部炉帮的冲刷与磨蚀，会促使电解槽的不稳定，增加铝的溶解损失，降低电流效率。

（1）槽电阻信号的计算。为了消除电流波动的影响，采用槽电阻进行分析。槽电阻信号的计算模型为：

$$R = (V - E)/I \tag{6-33}$$

式中，R 为槽电阻；V 为槽电压；E 为表观反电动势设定常数，代表槽电压中不随系列电流变化而改变的部分。

（2）频谱分析方法。经典频谱估计法属于非参数化方法，它将序列直接用 FFT 求谱。当铝电解槽运行正常时，槽电阻信号的时域和频域功率谱可以测出。当铝电解槽内铝液波动时，槽电阻信号的时域和频域图与正常谱图进行比较分析，提取出铝液波动和阳极异常槽况正点的典型特征来诊断电解槽槽况。

6.5 小结

铝电解槽槽况工艺参数信息，是判断电解槽运行的重要依据。本章讨论了电解槽热量平衡和物料平衡，用智能方法对铝电解槽槽况进行了分析。利用发现的规律来智能化地指导生产，可以提高电解槽的使用寿命，为企业节约能源，减小生产成本，提高经济效率。

参 考 文 献

[1] 张廷安，鲍丽，吕国志，等. 氧化铝溶出过程动力学模型综述 [J]. 中国有色金属，2011

（S2）：52-57.

［2］刘业翔，李劼．现代铝电解［M］．北京：冶金工业出版社，2008.

［3］王珊，刘胤，黄春杰，等．铝电解槽槽况综合分析方法研究［J］．轻金属，2011（10）：38-42.

［4］Oye H A，Mason N，Peterson R D. Aluminum：Approachingthe new millennium［J］. Journal of the Minerals Metals & Materials Society，1999，51（2）：29-42.

［5］王江萍．神经网络信息融合技术在故障诊断中的应用［J］．石油机械，2001（8）：27-30.

［6］陈远望．美国铝电解槽技术革新新进展［J］．世界有色金属，2004（9）：50-51.

［7］单保录．铝电解槽状态诊断［J］．世界有色金属，2002（6）：14-17.

［8］宿爱霞，林满山．浅析数据挖掘技术在铝电解槽槽况确定中的方法研究［C］．第十二届全国青年通信学术会议论文集，北京：2007.

［9］陈湘涛，李劼，桂卫华，等．铝电解控制中偏移分析的应用［J］．中南大学学报（自然科学版），2006，7（5）：903-907.

［10］Jiawei Han，Micheline Kamber. 范明，孟小峰，译．数据挖掘概念与技术［M］．北京：机械工业出版社，2008.

［11］邹忠，张红亮，陆宏军．铝电解过程中氧化铝浓度的控制［J］．矿冶工程，2004，24（5）：49-56.

7 基于滤波变换和自适应策略的回转窑温度观测器设计

皮江法生产金属镁过程中，白云石在回转窑中煅烧是关键工序之一。回转窑是转动设备且窑内温度高、窑体长，回转窑烘干带、预热分解带、烧结带、冷却带的温度分布难以检测，回转窑运行状态的好坏直接影响金属镁厂的正常运转。基于此，提出一种新的观测器设计方法：利用滤波变换将原系统转换为规范形式，用 Lyapunov 稳定性理论分析非线性动态误差方程的稳定性。所设计的自适应观测器为全局渐近收敛，既实现了系统状态的渐近重构，又确保了在持续激励条件下未知参数估计以指数速率快速收敛到真值。

7.1 引言

非线性状态观测器通常有两类设计方法。一类是通过非线性变换理论，将原系统化为规范形式，然后借助于成熟的线性观测器理论进行设计；另一类是直接针对原系统进行观测器设计，但由于非线性系统本身的复杂性，往往需要针对不同的对象采用不同的设计方法，主要有类 Lyapunov 函数法、扩展的 Kalman 滤波器方法及扩展的 Luenberger 方法等。另外，为适应不同系统模型与目标，往往还要求所设计的观测器具有除状态重构外的其他功能，例如自适应观测器、鲁棒观测器、高增益观测器等[1~14]。

自适应观测器理论的应用已广泛应用于流程工业。文献 [15] 对线性系统给出指数收敛的自适应观测器设计方法。文献 [16] 提出了未知参数非线性系统自适应观测器问题，该方法在持续激励下系统未知参数渐进收敛到真值，但不能保证以任意指数收敛。基于此，研究人员利用滤波变换设计了任意指数收敛的自适应观测器，但该方法在持续激励条件不满足时不能确保状态估计的渐近收敛性[17]。近年来，有关自适应观测器的研究又有了新的进展，出现了不依赖未知参数先验信息的非线性自适应观测器设计[18]、求解线性矩阵不等式的观测器增益矩阵[19]、不要求被观测对象结构和参数已知的自适应模糊观测器[20]以及它们的应用[21,22]等。

皮江法炼镁生产工序中[23]，白云石煅烧设备回转窑内温度较高，直接检测窑内温度变化十分困难，但是窑表面温度比较容易获取。状态观测器根据系统的外部变量（输入变量和输出变量）的实测值得出状态变量估计值，即状态重构器。通过重构的途径解决温度（状态）不能直接测量的问题，从而实现窑内温度的控制。

7.2　金属镁生产流程

镁的冶炼方法主要分为两种：一是热还原法；二是电解法。目前国内的原镁厂家大都采用硅热还原法中的皮江法。

皮江法炼镁属于金属热还原法冶炼工艺。这种还原的难易程度取决于氧化镁与生成的氧化物的稳定性。皮江法炼镁还原反应式为[24,25]：

$$2CaO_{固} + 2MgO_{固} + Si(Fe)_{固} = 2Mg_{气} + (Fe)_{固} + 2CaO \cdot SiO_{2固} \qquad (7\text{-}1)$$

$$4MgO_{固} + Si_{固} = 2Mg_{气} + 2MgO \cdot SiO_{2固} \qquad (7\text{-}2)$$

$$2Mg_{气} \longrightarrow Mg_{固} \qquad (7\text{-}3)$$

白云石由破碎机破碎至合格的粒度，用回转窑烧结经冷却机冷却，经过球磨机磨成粉再经压球机压成球。白云石在回转窑或立窑中煅烧成煅白，经破碎后与硅铁粉和萤石粉混合均匀制团，装入耐热不锈钢还原罐内，置于还原炉中还原制取粗镁，经过熔剂精制、铸锭、表面处理得到成品镁锭。

7.2.1　皮江法炼镁还原过程主要影响因素

皮江法炼镁中影响还原反应的主要因素有硅含量、煅白的活性、炉料的配比、还原剂和添加剂的种类、还原温度和时间、真空度、炉料的粉碎粒度和制球后球团密度及微量杂质等。这些因素不仅影响了还原过程的反应速度，而且影响结晶镁的质量。

（1）硅含量。当存在 CaO 的情况下，反应（7-1）要优先于反应（7-2）。在 CaO 缺乏的情况下发生反应（7-2），反应（7-2）镁产出率要低，即炉料中配入的硅含量越高，在相同还原时间和还原温度下，粗镁的产出率越高，即提高硅含量，不仅可以提高镁的产出率，还可以加快反应速度。

（2）白云石的煅烧质量。白云石煅烧质量的重要标志是煅白的活性度。研究和生产实践证明，煅白的活性度，对镁的产出率影响极大，其影响如图 7-1 所示。

图 7-1 说明，煅白的活性越好，其镁的实收率越高。目前很多厂家还原镁的实收率可达 80%~85%。因此，要求煅白活性一般要控制在 30%~35% 之间，灼

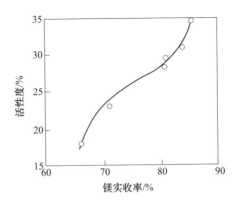

图 7-1　镁的还原实收率同活性度的关系

减小于 1.0%。高质量的煅白主要由晶型结构和煅烧设备决定。

（3）炉料细粉度和制团。炉料粒度越细以及球团密度越高，则物料表面接触越好，越有利于还原过程。还原反应的速度随着球团密度的增大而提高。

（4）还原温度、时间和真空度。还原温度升高，反应平衡蒸气压急剧变大，因而镁的实收率越高。还原真空度越好，镁的实收率越高。另外，真空达标越快越好，长时间不达标，还原剂硅铁会发生氧化，降低反应效率；生成的镁蒸气也会被氧化，降低镁的实收率。

（5）炉料中的杂质。炉料中的杂质主要来自煅白和硅铁。炉料中的杂质有氧化物杂质（SiO_2、Al_2O_3、Fe_2O_3、ZnO、Na_2O 和 K_2O 等）和金属杂质（Mn、Ni、Fe 和 Cu 等）。炉料中的杂质既影响还原反应速度，又影响镁的质量。

还原工艺是皮江法炼镁的核心，其工艺过程复杂，只有严格控制工艺技术条件，才能获得良好的技术经济指标。

7.2.2　白云石煅烧生产特点

粒度合格的白云石送白云石堆场，用铲车（或皮带输送）运至煅烧车间，经回转窑煅烧，回转窑以煤气作燃料，煅烧主要发生的反应是：

$$MgCO_3 \cdot CaCO_3 \xrightarrow{1100 \sim 1200\text{℃}} MgO \cdot CaO + 2CO_2 \tag{7-4}$$

从回转窑出来的煅烧白云石，在回转式冷却机中冷却至低于150℃后，用斗式提升机送至煅白料仓中，供配料用。为了防止煅白从空气中吸收水分和二氧化碳，料仓应采用密闭式。

7.2.3　白云石煅烧过程温度检测

白云石煅烧过程需检测的物理量有煅烧窑烘干带、预热分解带、烧结带、冷却带的温度分布检测等。由于熟料窑是转动设备且窑内温度高、窑体长，煅烧窑烘干带、预热分解带、烧结带、冷却带的温度分布难以检测。但是，窑表面温度比较容易获取，主要采用摄像仪和温度图像分析技术检测煅烧窑烧成带温度。由于安装、工艺、仪表本身以及图像处理等的因素，温度检测精度和准确性都不太高，有时会出现数据波动，检测水平亟待进一步提高。

7.2.4 金属镁煅烧过程控制

近10年来，受国家环保政策及激烈的市场竞争的影响，一些上规模的金属镁厂在白云石煅烧回转窑上采用了先进的智能控制系统，取得了较好的经济、社会效益。

回转窑智能控制技术，是一种工业热工过程自动控制技术，特别是热还原法炼镁中白云石煅烧回转窑生产过程的智能控制方法，其特征是采用了智能预测、协调、自适应、多目标决策、多模态等控制技术。这些技术应用到白云石煅烧回转窑控制，使燃烧状况、窑操作稳定性、煅白质量有了极大改善，为提高窑的台时产能奠定了基础。

回转窑的控制主要集中运用了过程仿真推理、图形色谱分析等方法来推算和预估回转窑烘干带、预热分解带、烧结带、冷却带的温度分布，通过调节燃料为主，调节给风和大窑转速为辅的方法实现对大窑的燃烧控制，同时模糊控制、专家系统和神经网络等控制技术也大量地在回转窑的控制中涌现。这些技术通过软、硬件控制设置来实现。硬件控制设置有检测仪表、执行机构、工业控制计算机；软件控制设置即控制系统软件，由特征信息预处理、特征模式集、控制算法集、推理机构、人机协调接口组成，其中特征信息预处理包含烧成带温度低通滤波、智能滤波，变时间尺度处理特征信息，特征数据包含烧成带温度及变化，窑尾温度及变化，烟气 CO_2 含量，用煤气水平；特征模式集包括软开关程序控制器触发特征模式类、自适应模糊控制器触发特征模式类、自适应预测控制器触发特征模式类、工况匹配风煤气协调控制器触发特征模式类；控制算法集由软开关程序控制器、自适应模糊控制器、自适应预测控制器、调度器和工况匹配风煤气协调控制器组成；人机协调接口允许操作人员根据生产设备状况及生产条件对控制系统的自动调节范围给予约束限定，确保控制系统的可靠运行，同时可以在控制系统运行于自动控制方式下时进行必要的人工干预操作，而不需要切换为手动控制方式，使得操作人员可以连续地最大限度地利用专家控制系统的功能，提高系统的用户友好性和适应能力，实现人机紧密结合，人机优势互补[23]。

7.3 回转窑温度观测器设计

线性系统的自适应观测器，在持续激励下，参数和状态误差将以任意指数率衰减到零[15]。但到目前为止，非线性系统不能得到这样的结果。

非线性自适应观测器中，如非线性系统对于未知参数而言是线性的，则观测器的特征状态估计即使在没有持续激励时也渐进收敛，而参数估计需在持续激励条件下才渐进收敛到真值，但不能保证以任意的指数率收敛[16]。

本节基于非线性系统滤波变换和线性系统自适应策略，讨论一种非线性系统的自适应观测器设计方法，在持续激励下保证参数和状态误差以任意指数速率收敛。

7.3.1 观测器描述

考虑一类单输出非线性系统：

$$\dot{x} = f(x) + s_1(x,u) + \sigma_1 s_1(x,u) + \cdots + \sigma_p s_p(x,u)$$

$$y = h(x), y \in R \tag{7-5}$$

其中，s_i: $R^n \times R^m \to R^n$，$0 \le i \le p$，f: $R^n \to R^n$，h: $R^n \to R$ 是光滑函数，且 $h(x_0) = 0$，$s_0(x, 0) = 0$，$\forall x \in R^n$，参数向量 $\sigma = [\sigma_1, \cdots, \sigma_p]^T$ 是未知常数。

引理1：存在一个全局、参数独立的状态空间滤波变换 $l = T(x)$，$T(x_0) = 0$ 将系统（7-5）转换为：

$$i = A_c l + \Omega_0(y,u) + \sum_{i=1}^{p} \sigma_i \Omega_i(y,u) \triangleq A_c l + \Omega_0(y,u) + \Omega(y,u)\sigma$$

$$y = C_c l \tag{7-6}$$

其中

$$A_c = \begin{bmatrix} 0 & 1 & 0 & \cdots & 0 \\ 0 & 0 & 1 & \cdots & 0 \\ \vdots & \vdots & \vdots & \ddots & \vdots \\ 0 & 0 & 0 & \cdots & 1 \\ 0 & 0 & 0 & \cdots & 0 \end{bmatrix}$$

$$C_c = \begin{bmatrix} 1 & 0 & 0 & \cdots & 0 \end{bmatrix}$$

且 Ω_i: $R \times R^m \to R^n$ 是光滑函数，式（7-5）转换为式（7-6）的条件是：

（Ⅰ）秩 $\{dh(x), dL_f h(x), \cdots, dL_f^{n-1} h(x)\} = n$，$\forall x \in R^n$。

（Ⅱ）$[ad_f^i l, ad_f^j l] = 0$，$0 \le i, j \le n-1$。

（Ⅲ）$[s_i, ad_f^j l] = 0$，$0 \le i \le p$，$0 \le j \le n-2$，$\forall u \in R^m$。

（Ⅳ）对于 $0 \leqslant i \leqslant n-1$，向量域 $ad_f^i l$ 是完备的，并且 $\{\{[dh \cdots d(L_f^{n-1}h)]^T\}, l\}^T = [0, \cdots, 1]^T$。

对于非线性系统（7-6），设计自适应观测器，使系统参数和状态以任意指数速率收敛，自适应观测器形式为：

$$\dot{z} = A_c z + v(y,u) + b\omega^T(t)\sigma, \quad z \in R^n$$
$$y = C_c z \tag{7-7}$$

满足引理条件（Ⅰ）～（Ⅳ）的系统都可通过滤波变换转为自适应观测器形式（7-7），其中 v 和 ω 是光滑函数，$\boldsymbol{b} = [1, b_2, \cdots, b_n]^T$ 是任意常向量且相应的多项式为：

$$s^{n-1} + b_2 s^{n-2} + \cdots + b_n \tag{7-8}$$

式（7-8）式是 Hurwitz 多项式，即所有的解都有负实部。实际上，考虑滤波变换：

$$z = l - G(t)\sigma, \quad z \in R^n \tag{7-9}$$

其中，$n \times l$ 维的 $G(t)$ 通过求解下面矩阵微分方程来获得：

$$\dot{N} = \begin{bmatrix} -b_2 & 1 & \cdots & 0 & 0 \\ \vdots & \vdots & \vdots & \vdots & \vdots \\ -b_{n-1} & 0 & \cdots & 0 & 1 \\ -b_n & 0 & \cdots & 0 & 0 \end{bmatrix} N +$$

$$\begin{bmatrix} -b_2 & 1 & \cdots & 0 & 0 \\ \vdots & \vdots & \vdots & \vdots & \vdots \\ -b_{n-1} & 0 & \cdots & 1 & 0 \\ -b_n & 0 & \cdots & 0 & 1 \end{bmatrix} \Omega(y,u) \triangleq \boldsymbol{\Theta}_N N + \boldsymbol{B}_N \Omega(y,u)$$

$$N \in R^{n-1} \times R^l, \quad N(0) = N_0, G = \begin{bmatrix} 0 \\ N \end{bmatrix} \tag{7-10}$$

其中，$\boldsymbol{\Theta}_N$，$\boldsymbol{B}_N$ 分别是 $(n-1) \times (n-1)$ 和 $(n-1) \times n$ 维矩阵，Ω 在式（7-6）中定义过。由于 $\boldsymbol{\Theta}_N$ 是 Hurwitz 矩阵，因此，如果 $t \geqslant 0$ 时，$\Omega(t)$ 是有界的，则 $N(t)$ 有界。系统（7-6）在 z 坐标中写为：

$$\dot{z} = A_c z + \Omega_0(y,u) + [A_c G + \Omega(y,u) - \dot{G}]\sigma \tag{7-11}$$

从式（7-10）可得：

$$\dot{G} = (A_c - bC_cA_c)G + (I - bC_c)\Omega(y,u) \tag{7-12}$$

$$G(0) = \begin{bmatrix} 0 \\ N(0) \end{bmatrix}$$

代入式（7-11）得：

$$\dot{z} = A_c z + \Omega_0(y,u) + b[C_cA_cG + C_c\Omega(y,u)]\sigma$$

$$\underline{\triangle} A_c z + \Omega_0(y,u) + b\omega^{\mathrm{T}}(t)\sigma \tag{7-13}$$

式（7-13）与式（7-7）比较有：

$$\omega^{\mathrm{T}}(t) = [\omega_1(t),\cdots,\omega_p(t)] = C_cA_cG + C_c\Omega(y,u) \tag{7-14}$$

如果系统除满足引理 1 条件（Ⅰ）～（Ⅳ）以外，还满足下列条件：

$$(\text{Ⅴ}) \qquad q_i(x,u) = \omega(h(x),u)\sum_{j=1}^{n} b_{n-j+1}ad_{-f}^{j-1}l(x), 1 \leqslant i \leqslant p_{\circ}$$

则系统（7-5）可直接由引理 1 的全局滤波变换转变为一个自适应观测器形式。

$$\dot{\iota} = A_c\iota + \Omega_0(y,u) + b\omega^{\mathrm{T}}(y,u)\sigma$$

$$y = C_c\iota \tag{7-15}$$

其中，$b = [b_1, \cdots, b_n]^{\mathrm{T}}_{\circ}$

7.3.2 自适应观测器设计

考虑如下具有自适应观测器形式的系统：

$$\dot{z} = A_c z + v(y,u) + b\omega^{\mathrm{T}}(t)\sigma$$

$$= A_c z + v(y,u) + b\sum_{i=1}^{p} \omega_i(t)\sigma_i$$

$$z \in R^n, \sigma \in R^p, y = C_c z, \quad y \in R \tag{7-16}$$

b 是 R^n 中的向量，则自适应观测器为：

$$\dot{\hat{z}} = (A_c + KC_c)\hat{z} + v(y,u) + b\omega^{\mathrm{T}}(t)\hat{s} - Ky, \quad \hat{z}(0) = \hat{z}_0$$

$$\dot{\phi}_i = A\phi_i + b\omega_i(t), \phi_i \in R^n, \phi_i(0) = \phi_{i0}, 1 \leqslant i \leqslant p$$

$$\dot{\phi}_0 = A\phi_0 + b\omega^{\mathrm{T}}(t)\hat{\phi}, \phi_0 \in R^n, \phi_0(0) = \phi_{00}$$

$$\boldsymbol{\eta}^{\mathrm{T}} = C_{\mathrm{c}} [\boldsymbol{\phi}_1, \cdots, \boldsymbol{\phi}_{\varphi}]$$

$$\dot{\boldsymbol{M}} = -\vartheta \boldsymbol{M} + \boldsymbol{\eta} \boldsymbol{\eta}^{\mathrm{T}}, \boldsymbol{M} \in R^{\varphi} \times R^{\varphi}, \boldsymbol{M}(0) = \boldsymbol{M}_0$$

$$\dot{m} = -\vartheta m - \boldsymbol{\eta}(C_{\mathrm{c}} \boldsymbol{\phi}_0 + y - C_{\mathrm{c}} \hat{z}), \ m \in R^p, \ m(0) = m_0$$

$$\dot{\hat{\sigma}} = -\boldsymbol{\Gamma}(\boldsymbol{M} \hat{\sigma} + m), \ \hat{\sigma}(0) = \hat{\sigma}_0 \tag{7-17}$$

其中，$A = A_{\mathrm{c}} + KC_{\mathrm{c}}$，$A$ 是 Hurwitz 矩阵，ϑ 是一个正实数。$\boldsymbol{\Gamma}$ 是对称正定阵，$\boldsymbol{M}_0$ 是对称正半定阵。如果向量 $\omega(t)$ 有界并且存在两个正实数 T 和 k，使得：

$$\int_t^{t+T} \boldsymbol{\eta}(\tau) \boldsymbol{\eta}^{\mathrm{T}}(\tau) \mathrm{d}\tau \geq kI, \quad \forall t \geq 0 \tag{7-18}$$

则观测误差 $\tilde{z} = z - \hat{z}$ 和参数误差 $\tilde{\alpha} = \alpha - \hat{\alpha}$ 将以指数衰减到零，收敛速率为：

$$r_{\mathrm{m}} = \min\{\lambda_{\mathrm{m}}(-A), \vartheta, k\lambda_{\mathrm{m}}(\boldsymbol{\Gamma}) \exp(-\vartheta T)\} \tag{7-19}$$

$\lambda_{\mathrm{m}}(A)$ 是矩阵 A 的特征值的最小实部。适当地选择 K、ϑ 和 $\boldsymbol{\Gamma}$、r_{m} 可以是任意大的值。

注 1：如果系统（7-5）满足引理 1 条件（Ⅰ）～（Ⅳ）和附加条件（Ⅴ），则可通过全局滤波变换转换为自适应形式（7-13），定理 1 可直接应用。如果条件（Ⅴ）不满足，则需使用滤波变换（7-9）将系统（7-6）转变成为自适应观测器形式（7-7），然后再应用定理 1。

注 2：如果系统（7-5）是线性和可观测的，则条件（Ⅰ）～（Ⅴ）满足，不需进行滤波变换可直接获得自适应观测器。

注 3：由于特征状态 z 通过未知参数向量 α 与原状态 x 相关联，当持续激励条件满足参数估计收敛要求时，x 估计也将收敛。

引理 2：考虑线性时变系统：

$$\dot{x} = A(t)x + B(t)u(t), \quad x(t_0) = x_0 \tag{7-20}$$

假设：

（1）$\| B(t) \| \leq B_G, \quad \forall t \geq t_0$；

（2）$\| u(t) \| \leq k_1 \exp(-\lambda_1(t - t_0)), \quad \forall t \geq t_0$；

（3）奇次系统 $\dot{x} = A(t)x$ 指数衰减，且其解 $\| x(t) \| \leq k_2 \exp[-\lambda_2(t - t_0)] \| x_0 \|$，$\forall t \geq t_0$。$k_1$，$k_2$，$\lambda_1$ 和 λ_2 是正实数，从而式（7-20）的解为 $\| x(t) \| \leq k_3(x_0) \exp[-\lambda(t - t_0)]$，$\forall t \geq t_0$。$\lambda = \min\{\lambda_1, \lambda_2\}$ 且 k_3 是取决于 x_0 的正实数。

证：由（7-20）式得：

$$x(t) = \boldsymbol{\Phi}(t,t_0)x_0 + \int_{t_0}^{t} \boldsymbol{\Phi}(t,\tau)B(\tau)u(\tau)\mathrm{d}\tau \tag{7-21}$$

$\boldsymbol{\Phi}$ 为状态转换矩阵。考虑引理 2 条件（1）和（3）有：

$$\| x(t) \| \leq k_2\exp[-\lambda_2(t-t_0)]\| x_0 \| + B_\mathrm{G}\int_{t_0}^{t}\| \boldsymbol{\Phi}(t,\tau) \|\| u(\tau) \|\mathrm{d}\tau$$

$$\tag{7-22}$$

由引理 2 条件（3），有：

$$\| \boldsymbol{\Phi}(t,t_0)x_0 \| \leq k_2\exp[-\lambda_2(t-t_0)]\| x_0 \|$$

即：

$$\| \boldsymbol{\Phi}(t,t_0) \| \leq k_2\exp[-\lambda_2(t-t_0)] \tag{7-23}$$

根据引理 2 条件（2）和式（7-23），有：

$$\| x(t) \| \leq k_2\exp[-\lambda_2(t-t_0)]\| x_0 \| + B_\mathrm{G}k_1k_2\exp(-\lambda_2 t)\exp(\lambda_1 t_0)$$

$$\cdot \int_{t_0}^{t}\exp[(\lambda_2-\lambda_1)\tau]\mathrm{d}\tau$$

$$= k_2\exp[-\lambda_2(t-t_0)]\| x_0 \| + \frac{B_\mathrm{G}k_1k_2}{\lambda_2-\lambda_1} \times$$

$$\{\exp[-\lambda_1(t-t_0)]-\exp[-\lambda_2(t-t_0)]\} \tag{7-24}$$

定理 1 证明：

定义观测误差 $\tilde{z}=z-\hat{z}$ 和参数误差 $\tilde{\sigma}=\sigma-\hat{\sigma}$，从式（7-16）和（7-17）可得观测误差动态方程：

$$\dot{\tilde{z}} = A\tilde{z} + b\omega^\mathrm{T}(t)\tilde{\sigma}, \tilde{z}(0)=\tilde{z}_0 \tag{7-25}$$

解得：

$$\tilde{z}(t) = \exp(At)\tilde{z}_0 + \int_{0}^{t}\exp[A(t-\tau)]b\rho^\mathrm{T}(\tau)\tilde{\alpha}(\tau)\mathrm{d}\tau \tag{7-26}$$

根据（7-17）有：

$$\phi_i(t) = \exp(At)\phi_{i0} + \int_{0}^{t}\exp[A(t-\tau)]b\omega_i(\tau)\mathrm{d}\tau$$

$$\phi_0(t) = \exp(At)\phi_{00} + \int_0^t \exp[A(t-\tau)]b\omega^{\mathrm{T}}(\tau)\hat{\sigma}(\tau)\mathrm{d}\tau$$

$$1 \leqslant i \leqslant \phi \tag{7-27}$$

定义：

$$e(t) = C_c\left(\tilde{z}(t) - \sum_{i=1}^p \phi_i(t)\hat{\phi}_i(t) + \phi_0(t)\right) \tag{7-28}$$

由于 $C_c\tilde{z} = y - C_c\hat{z}$，根据式（7-26）~式（7-28）可得：

$$e(t) = C_c\exp(At)\left[\tilde{z}_0 + \phi_{00} - \sum_{i=1}^p \phi_{i0}\hat{\sigma}_i(t)\right] + C_c\left\{\int_0^t \exp[A(t-\tau)]b\omega^{\mathrm{T}}(\tau)\mathrm{d}\tau\right\}\sigma -$$

$$C_c\int_0^t \exp[A(t-\tau)]b\omega^{\mathrm{T}}(\tau)\hat{\sigma}(\tau)\mathrm{d}\tau + C_c\int_0^t \exp[A(t-\tau)]b\omega^{\mathrm{T}}(\tau)\hat{\sigma}(\tau)\mathrm{d}\tau -$$

$$C_c\left\{\int_0^t \exp[A(t-\tau)]b\omega^{\mathrm{T}}(\tau)\mathrm{d}\tau\right\}\hat{\sigma}(t)$$

$$= C_c\exp(At)\left[\tilde{z}_0 + \phi_{00} - \sum_{i=1}^p \phi_{i0}\hat{\sigma}_i(t)\right] + C_c\left\{\int_0^t \exp[A(t-\tau)]b\omega^{\mathrm{T}}(\tau)\mathrm{d}\tau\right\}\tilde{\sigma}$$

$$= C_c\exp(At)\left(\tilde{z}_0 + \phi_{00} - \sum_{i=1}^p \phi_{i0}\sigma_i\right) + C_c\sum_{i=1}^p \left\{\exp(At)\phi_{i0} + \right.$$

$$\left.\int_0^t \exp[A(t-\tau)]b\omega(\tau)\mathrm{d}\tau\right\}\tilde{\sigma}_i$$

$$= C_c\exp(At)\left[\tilde{z}_0 + \phi_{00} - \sum_{i=1}^p \phi_{i0}\hat{\sigma}_i(t)\right] + C_c\sum_{i=1}^p \phi_i\tilde{\sigma}_i$$

$$= \eta^{\mathrm{T}}\tilde{\sigma} + C_c\exp(At)\left(\tilde{z}_0 + \phi_{00} - \sum_{i=1}^p \phi_{i0}\sigma_i\right) \tag{7-29}$$

将上面三个方程与式（7-17）整合，可得：

$$\dot{\tilde{\sigma}} = \Gamma(M\hat{\sigma} + m) = -\Gamma M\tilde{\sigma} + \Gamma m + \Gamma M\sigma$$

$$= -\Gamma M\tilde{\sigma} - \Gamma\int_0^t \exp[-\vartheta(t-\tau)]\eta(\tau)C_c[\phi_0(\tau) + \tilde{z}(\tau)]\mathrm{d}\tau + \Gamma\left\{\int_0^t \exp[-\vartheta(t-\tau)]\right.$$

$$\left.\eta(\tau)\eta^{\mathrm{T}}(\tau)\mathrm{d}\tau\right\}\sigma + \Gamma\exp(-\vartheta t)m_{\cdot 0} + \Gamma\exp(-\vartheta t)M_0\sigma \tag{7-30}$$

由式（7-28）和式（7-29）有：

$$C_c(\phi_0 + \tilde{z}) = e + \eta^T\hat{\sigma} = \eta^T\hat{\sigma} + \eta^T\tilde{\sigma} + C_c\exp(At)\left(\tilde{z}_0 + \phi_{00} - \sum_{i=1}^{p}\phi_{i0}\sigma_i\right)$$

$$= \eta^T\sigma + C_c\exp(At)\left(\tilde{z}_0 + \phi_{00} - \sum_{i=1}^{p}\kappa_{i0}\sigma_i\right) \tag{7-31}$$

将式（7-31）代入式（7-30）：

$$\dot{\tilde{\sigma}} = -\Gamma M\tilde{\sigma} - \Gamma\int_0^t\exp[-\vartheta(t-\tau)]\eta(\tau)\times$$

$$[\eta^T(\tau)\sigma + C_c\exp(A\tau)\left(\tilde{z}_0 + \phi_{00} - \sum_{i=1}^{p}\phi_{i0}\sigma_i\right)]\mathrm{d}\tau +$$

$$\Gamma\left\{\int_0^t\exp[-\vartheta(t-\tau)]\eta(\tau)\eta^T(\tau)\mathrm{d}\tau\right\}\sigma + \Gamma\exp(-\vartheta t)m_{.0} + \Gamma\exp(-\vartheta t)M_0\sigma$$

$$= -\Gamma M\tilde{\sigma} - \Gamma\int_0^t\exp[-\vartheta(t-\tau)]\eta(\tau)\times C_c\exp(A\tau)\left(\tilde{z}_0 + \phi_{00} - \sum_{i=1}^{\varphi}\phi_{i0}\sigma_i\right)\mathrm{d}\tau +$$

$$\Gamma\exp(-\vartheta t)m_{.0} + \Gamma\exp(-\vartheta t)M_0\sigma \tag{7-32}$$

从式（7-17），当 $t \geq 0$ 时，有：

$$M(t+T) = \exp[-\vartheta(t+T)]M(t) + \int_t^{t+T}\exp[-\vartheta(t+T-\tau)]\eta(\tau)\eta^T(\tau)\mathrm{d}\tau$$

$$\geq \exp(-\vartheta T)\int_t^{t+T}\eta(\tau)\eta^T(\tau)\mathrm{d}\tau \geq \exp(-\vartheta T)kI > 0 \tag{7-33}$$

假设 $\omega(t)$ 是有界的，则 $\eta(t)$ 和 $M(t)$ 也有界。

将引理1应用到系统（7-19），考虑系统的自由分量部分：

$$\dot{\tilde{\sigma}} = -\Gamma M\tilde{\sigma} \tag{7-34}$$

选择 Lyapunov 函数：

$$V = 2^{-1}\tilde{\sigma}^T\Gamma^{-1}\tilde{\sigma} \tag{7-35}$$

则：

$$\dot{V} = -\tilde{\sigma}^T M\tilde{\sigma} \tag{7-36}$$

根据式（7-30）有：

$$\dot{V} \leq -k\exp(-\vartheta T)\parallel\tilde{\sigma}\parallel^2, \quad \forall t \geq T \tag{7-37}$$

从式（7-35）和式（7-37），可得：

$$\frac{\dot{V}}{V} \leqslant -2k\lambda_m(\Gamma)\exp(-\vartheta T), \quad \forall t \geqslant T$$

即：

$$\parallel \tilde{\sigma}(t) \parallel \leqslant k_1(\tilde{\sigma}_0)\exp(-\lambda_1 t), \quad \forall t \geqslant T \tag{7-38}$$

其中，
$$k_1 = (\lambda_M(\Gamma)/\lambda_m(\Gamma))^{\frac{1}{2}} \parallel \tilde{\sigma}_0 \parallel$$

$$\lambda_1 = k\exp(-\vartheta T)\lambda_m(T) \tag{7-39}$$

$\lambda_M(t)$、$\lambda_m(\Gamma)$ 表示 Γ 的最大和最小特征值。因此，系统（7-19）满足引理 1 的条件。

再考虑系统的受迫分量部分：

$$\mu(t) = \int_0^t \exp[-\sigma(t-\tau)]\eta(\tau)C_c\exp(A) \times \left(\tilde{z}_0 + \phi_{00} - \sum_{i=1}^p \phi_{i0}\sigma\right)d\tau$$

上式可以看作是下列线性系统的状态：

$$\dot{\mu} = -\vartheta\mu + \eta(t)C_c\exp(At)\left(\tilde{z}_0 + \sigma_{00} - \sum_{i=1}^{\phi}\sigma_{i0}\alpha_i\right)\mu(0) = 0$$

它的解 $\eta(t)$ 是有界的：

$$\parallel \mu(t) \parallel \leqslant k_2\exp(-l_2 t), \quad \forall t \geqslant 0 \tag{7-40}$$

其中，$\lambda_2 = \min\{\vartheta, \lambda_m(-A)\}$。系统（7-32）满足引理 2 的条件。考虑式（7-39）和式（7-40），当 $t_0 = T$ 时，有

$$\parallel \tilde{\sigma}(t) \parallel \leqslant k_3(\tilde{\sigma}_0)\exp(-r_m t), \quad \forall t \geqslant T$$

k_3 是取决于 $\tilde{\alpha}_0$ 的合适的正实数。并且，

$$r_m = \min\{\lambda_1, \lambda_2\}$$

最后，由于 $\rho(t)$ 是有界的，对系统（7-25）应用引理 2 可得：

$$\parallel \tilde{z}(t) \parallel \leqslant k_4(\tilde{z}_0)\exp(-r_m t), \quad \forall t \geqslant T$$

其中，k_4 是取决于 $\tilde{z}_0$ 的正实数。

7.3.3 算例

考虑如下系统 $\dot{z}_1 = z_2$，$\dot{z}_1 = -s_1\cos y + s_2 u$，$y = z_1 + z_2$。

应用定理 1 构造下面的自适应观测器：

$$\begin{bmatrix} \dot{\hat{z}}_1 \\ \dot{\hat{z}}_2 \end{bmatrix} = \begin{bmatrix} -5 & 1 \\ -3 & 0 \end{bmatrix} \begin{bmatrix} \hat{z}_1 \\ \hat{z}_2 \end{bmatrix} + \begin{bmatrix} 5 \\ 3 \end{bmatrix} y + \begin{bmatrix} 0 \\ 1 \end{bmatrix} [-\hat{s}_1 \sin y + \hat{s}_2 \cdot 4(\sin 2t + \cos 10t)]$$

$$\dot{\Psi}_1 = \begin{bmatrix} -5 & 1 \\ -3 & 0 \end{bmatrix} \Psi_1 + \begin{bmatrix} 0 \\ 1 \end{bmatrix} (-\sin y)$$

$$\dot{\Psi}_2 = \begin{bmatrix} -5 & 1 \\ -3 & 0 \end{bmatrix} \Psi_2 + \begin{bmatrix} 0 \\ 1 \end{bmatrix} \cdot [4(\sin 2t + \cos 10t)]$$

$$\dot{\Psi}_0 = \begin{bmatrix} -5 & 1 \\ -3 & 0 \end{bmatrix} \Psi_0 + \begin{bmatrix} 0 \\ 1 \end{bmatrix} [-\hat{s}_1 \sin y + \hat{s}_2 \cdot 4(\sin 2t + \cos 10t)]$$

$$\dot{M} = -M + \begin{bmatrix} \varphi_{11}^2 & \varphi_{11}\varphi_{21} \\ \varphi_{11}\varphi_{21} & \varphi_{21}^2 \end{bmatrix}$$

$$\dot{m} = -m - \begin{bmatrix} \varphi_{11} \\ \varphi_{21} \end{bmatrix} (\varphi_{01} + y - \hat{x}_1)$$

$$\begin{bmatrix} \dot{\hat{s}}_1 \\ \dot{\hat{s}}_2 \end{bmatrix} = -\Gamma (M \begin{bmatrix} \hat{s}_1 \\ \hat{s}_2 \end{bmatrix} + m)$$

初始条件：$x(0) = [1, 1]^{\mathrm{T}}$，$M_{11}(0) = M_{22}(0) = 2$，$\hat{s}(0) = [5, 1]^{\mathrm{T}}$ 且 $\Gamma = $ diag$[1000]$。计算结果表明观测器实现了系统状态的渐近重构及未知参数的渐近估计。

7.4　小结

本文针对一类非线性系统，提出一种自适应观测器设计方法，当持续激励条件满足时，自适应观测器的参数和状态误差将以任意指数率快速收敛。

参 考 文 献

[1] Jon H, Seo J H. Input output linearization approach to state observer design for nonlinear system

[J]. IEEE Trans. Automat. Contr., 2000, 45 (12): 2388-2393.

[2] Liu C S, Hu S S. State observer design for a class of nonlinear system with modelling uncertainty [J]. Journal of Nanjing University of Aeronautics & Stronautics. 2005, 37 (3): 284-287.

[3] Dong Y M, Sheng W. Adaptive observer for a class of nonlinear systems [J]. Acta Automatica Sinica, 2007, 33 (10): 1082-1084.

[4] Dong Y L, Yang Y J, Fan J J. Observer design for a class of multi-imput multi-output nonlinear systems based on input-output linearization approach [J]. Acta Automatica Sinaca, 2008, 34 (8): 880-885.

[5] Bastin G, Gervers M. Stable adaptive observers for nonlinear time varying systems [J]. IEEE Trans. Automa. Contr., 1998, 33: 650-658.

[6] Marina R. Adaptive observers for single output nonlinear systems [J]. IEEE Trans. Automat. Contr., 1990, 35: 1054-1058.

[7] 朱芳来, 韩正之. 非线性系统的一种指数收敛观测器 [J]. 上海大学学报, 2003, 37 (4): 486-488.

[8] 范子荣, 滕青芳. 一类非线性系统的观测器设计 [J]. 计算机仿真, 2014, 31 (1): 403-406.

[9] He N B, Jiang C S. Adaptive observer for nonlinear system based on lyapunov approach [J]. Journal of Nanjing University of Aeronautics & Astronautics, 2006, 38 (3): 267-270.

[10] Pan Y, Wang H, Wang N, et al. State observer of double closed loop direct current motor system based on kalman filter [J]. Information and Control, 2009, 38 (1): 15-23.

[11] 郭真真, 高存臣. 一类时滞离散非线性系统的全维观测器设计 [J]. 南京信息工程大学学报 (自然科学版), 2016, 8 (41): 91-96.

[12] 汤红吉, 韩彦武. 一类时滞 Lipschitz 广义系统的全阶和降阶观测器设计 (英文) [J]. 黑龙江大学自然科学学报, 2012, 29 (5): 593-601.

[13] 杨洪金, 井元伟, 肇和平. 非线性系统观测器的设计: LMI 方法 [J]. 信息与控制, 2011, 40 (4): 433-437.

[14] 张悦, 杨洪金, 肇和平, 等. 时滞 Lipschitz 非线性系统观测器设计 [J]. 东北大学学报 (自然科学版), 2011, 32 (254): 1521-1524.

[15] Marino R, Tomei P. Adaptive observer with arbitrary exponential rate of convergence for nonlinear systems [J]. IEEE Trans. Automat. Contr., 1995, 40 (7): 1299-1304.

[16] Ding Y Q, Liu Y G. Nonlinear adaptive observer desing without a priori knowledge on the unknown parameters [J]. Control Theory & Application. 2008. 25 (1): 27-32.

[17] 孙延修, 黎虹, 潘斌. 一类时滞 Lipschitz 非线性离散广义系统观测器的设计 [J]. 纯粹数学与应用数学, 2018, 34 (3): 316-322.

[18] 王永富, 赵宏, 刘积仁, 等. 一类非线性系统的自适应模糊观测器设计 [J]. 应用科学学报, 2008, 26 (1): 89-94.

[19] Km Y H, Frank L L. Dynamic recurrent neural network-based adaptive observer for a class of

nonlinear systems ［J］. Automatica, 1997, 33 (8)：1539-1543.

［20］张柯, 姜斌, 刘京津. 基于自适应观测器控制系统的快速故障调节 ［J］. 控制与决策, 2008, 23 (7)：771-775.

［21］赵庆云, 王鑫健, 唐新平, 等. 轻金属冶炼自动化 ［M］. 长沙：中南大学出版社, 2008.

［22］王晖. 浅谈皮江法炼镁还原过程的影响因素 ［J］. 轻金属, 2007 (7)：46-48.

［23］张超, 付瑾. 硅热法炼镁动力学的数学模型分析及数值模拟 ［J］. 化工进展, 2019, 38 (9)：4155-4163.